石川県穴水町
メガソーラー発電所

太陽電池
モジュール容量：60.0 MW
PCS容量：40.0 MW

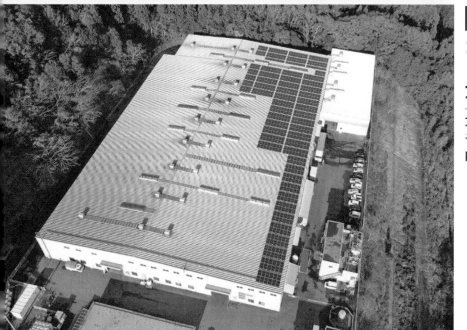

コーヨー
リサイクルセンター
太陽光発電所

太陽電池
モジュール容量：293.0 kW
PCS容量：204.9 kW

道の駅三矢の里
あきたかた
太陽光発電所

太陽電池
モジュール容量：70.3 kW
PCS容量：50.0 kW
蓄電池容量：
50.0 kW、159 kW·h

広島県安芸高田市 高宮太陽光発電所

太陽電池
モジュール容量：220.0 kW
PCS 容量：220.0 kW

荒神岳発電所

長崎県五島市
太陽電池
モジュール容量：5.3 MW
PCS 容量：5.0 MW

ニュージーランド村 MS 発電所

広島県安芸高田市
太陽電池
モジュール容量：9.8 MW
PCS 容量：7.0 MW

太陽光発電設備

**引込設備
（系統連系部分）**

**特別高圧変圧設備
（C-GIS）：
7.2 kV キュービクル型
ガス絶縁開閉装置**

定格電圧：72 kV
定格周波数：60 Hz
定格母線電流：800 A
定格ガス圧力：0.05 MPa·G（at20℃）

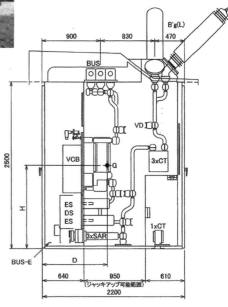

屋外内鉄型油入変圧器 窒素封入密封形
（特別高圧用変圧器）

高圧受変電設備
（キュービクル）

キュービクル内には、変圧器（写真右）
や電力需給用計器用変成器、進相コン
デンサ、保護継電器などの各種機器が
収められています。

パワーコンディショナ (PCS)

屋内用

屋外用

太陽電池モジュールと接続箱

汚れによる過熱

影による部分過熱

クラスター断線

太陽光発電所メンテナンスガイド

太陽光発電所の基礎・保守からトラブル事例まで

SOLAR POWER PLANT MAINTENANCE GUIDE

株式会社ウエストO&M 監修

大山正彦・熊本研一・北原浩貴・小野賢司 共著

Ohmsha

はじめに

　電気は、我が国に限らず世界中で人々の生活においてなくてはならない存在といえます。これまでは火力発電を筆頭に、水力発電や原子力発電が日本の主電源として稼働してきましたが、火力発電については地球温暖化や化石燃料の枯渇、原子力発電については事故による放射能漏出などが懸念されるようになり、太陽光発電や風力発電、地熱発電といった、いわゆる再生可能エネルギーが注目されるようになりました。これらのメリットとしては、光や風、熱といった自然エネルギーを活用しているためエネルギー源が枯渇するリスクがないことや、温室効果ガスを排出しないクリーンなエネルギーであり、地球温暖化の抑制につながることなどが挙げられます。

　2010年には20％程度あった日本のエネルギー自給率は、2011年の東日本大震災を機に原子力発電所の稼働率が大きく減少したことから、2014年には過去最低の6％台まで減少しました。そのため、原子力発電の代替エネルギー確保と脱炭素社会を実現するべく、国の政策として再生可能エネルギーの大規模な導入が推し進められるようになりました。なかでも、日本では太陽光発電の発電割合が急激に伸びてきており、国土面積当たりの太陽光発電の導入容量は主要国の中でも最大規模となっています。

　本書では、この太陽光発電に着目し、基礎知識をはじめとして、実際に発電所を導入・運営していくうえで必要な知識などについて詳細に解説しています。また、FIT制度開始以降、10年以上にわたって太陽光発電所をメンテナンスしてきた経験に基づき、トラブル発生時の迅速な対処、予防保全などに役立つさまざまなトラブル事例も紹介しています。

　本書が、太陽光発電所のよりよい維持・運用の一助になれば幸いです。

2024年7月22日

大山　正彦

CONTENTS
SOLAR POWER PLANT MAINTENANCE GUIDE

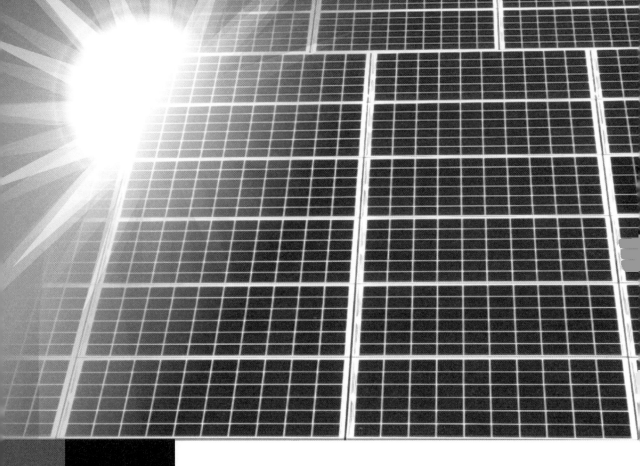

1章

章

太陽光発電

　再生可能エネルギー発電設備による電力の供給が注目されているなか、日本の技術面での得意分野である太陽光発電設備が各地で建設されています。ここでは、太陽光発電の発電原理から発電システムを構成している各設備、またその設置形態について解説します。

1.1 太陽光発電とは

　太陽光発電は、その名のとおり、太陽の光エネルギーを太陽電池（半導体素子）によって直接電気に変換する発電方式です。太陽光が太陽電池モジュールに照射されると、光子が電子と正孔にエネルギーを与え、電子が価電子帯から伝導帯へと移動します（図1-1）。これにより、電子と正孔のペアが生成され、p形半導体に正孔、n形半導体に電子が集まり、プラス極とマイナス極が形成されます。すると、電子は導体を通じて負荷へと移動し、電流が流れることで発電します。この過程を「光電効果」と呼びます。

　1976年、世界初の太陽電池式卓上計算機がシャープから発売され、乾電池が不要な小型計算機として話題になりました。実用的な太陽電池は、1954年にアメリカのベル研究所のダリル・シャピン、カルビン・フラー、ジェラルド・ピアソンによって単結晶シリコン太陽電池として開発され、1958年にはアメリカの人工衛星に搭載された実績もあります。今では、太陽の光エネルギーだけで発電するため、燃料のいらない発電設備として広く普及しています。

　現在、日本で発電されている電気の約75％が火力発電に由来していますが、火力発電は発電の過程で、地球温暖化の原因となる温室効果ガスを排出します。例えば、火力発電による二酸化炭素の排出量は1kW·h当たり約690gであるのに対して、太陽光発電の排出量は1kW·h当たり17～48gといわれています。つまり、火力発電と比較して、1kW·h当たり約650gの二酸化炭素を削減できることになります。したがって、1kWの太陽光発電所の場合、年間発電量を約1000kW·hと仮定すると、

$$650\,[g/(kW\cdot h)]\times1\,000\,[kW\cdot h]=650\,000\,[g]=650\,[kg]$$

50kW規模の発電所であれば約50 000kW·hであるため、

$$650\,[g/(kW\cdot h)]\times50\,000\,[kW\cdot h]=32\,500\,000\,[g]=32\,500\,[kg]$$

もの二酸化炭素を年間で削減することができます。

　ちなみに、36～40年生の杉1本が1年間に吸収する二酸化炭素の量を8.8kg[1]とすると、1kWの太陽光発電所で約73本分、50kWの発電所で約3 650本分の年間二酸化炭素吸収量に相当します。

　このため、太陽光発電は地球環境に優しいエネルギーといえます。

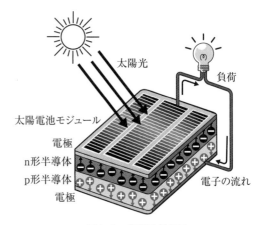

図1-1　発電の仕組み

※1　林野庁ホームページ(https://www.rinya.maff.go.jp/j/sin_riyou/ondanka/20141113_topics2_2.html)参照

1.2 太陽光発電所とは

太陽光発電設備の概要

　太陽光発電所は、前述した太陽電池を発電装備として、接続箱やパワーコンディショナ（パワコン、PCS）、遮断器といった各設備を介して電力を供給する発電所です。図1-2に太陽光発電所のシステム構成例を、システムを平面図に落とし込んだものを図1-3に示します。これを例に、太陽光発電所を構成する各設備をみていきましょう。

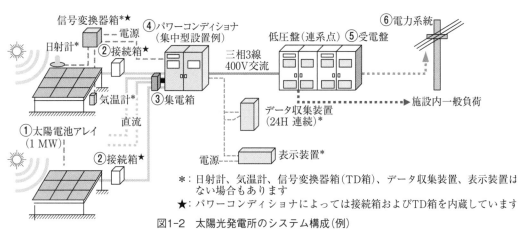

図1-2　太陽光発電所のシステム構成（例）

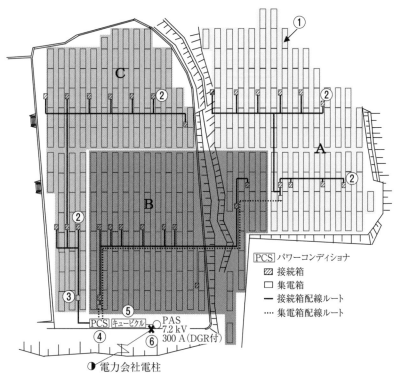

図1-3　太陽光発電所の平面図（例）

①太陽電池モジュール

　太陽光（光エネルギー）を直流の電気（電気エネルギー）に変換する設備です。太陽電池1枚をセル、数十枚のセルが集合したものをモジュール、数個のモジュールを直列に接続したものをストリング、さらにストリングが集まったものをアレイと呼びます（図1-4）。

　材料や製造法、メーカーによって多種多彩なモジュール（図1-5）がありますが、メガソーラーでは歴史のあるシリコン系が多用されています。かつては、単結晶シリコンのほうが多結晶シリコンよりも性能が高く、多用されていましたが、現在では同等の性能になったことで、コストが安い多結晶シリコンを採用するケースが増えてきています。

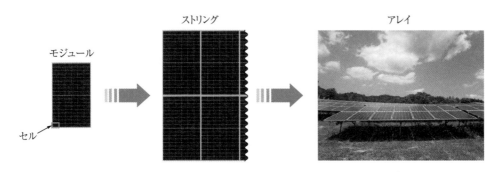

図1-4　太陽電池の名称

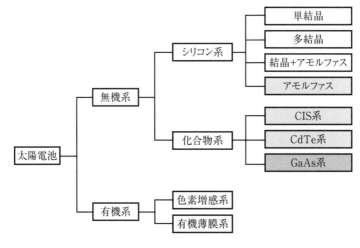

図1-5　太陽電池の種類

・バイパスダイオード

　セルに特性劣化が発生したり、建物などでモジュールに影ができたりした場合、接続されているすべてのセルの電圧が印加され、発熱することがあります。それを少しでも防止するために、図1-6のようにモジュールにバイパスダイオードを設置することがあります。

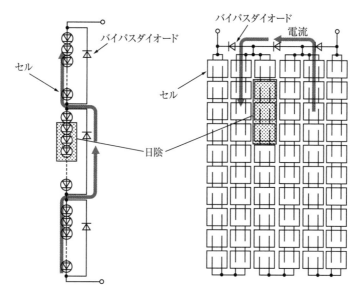

図1-6　バイパスダイオードを設置したモジュール

②接続箱

　ストリング回路を数～十数回路集めて接続し、（1つの回路として）集電箱またはPCSに送電する設備です。各ストリング回路を切り離す「配線用遮断器（MCCB）」、電気の逆流を防ぐ「逆流防止装置」、雷などの異常電圧が回路に流れ込んだときに、それ以上の電圧を大地へ逃す「SPD（サージ保護デバイス）」などで構成されています。

・逆流防止装置

　逆流防止装置は、ほかのストリングから電気が流れ込むことを防止するデバイスで、一般的にダイオード（逆流防止ダイオード）が使用されます。逆流防止装置の設置場所は、接続箱が一般的です。図1-7に接続回路のイメージを示します。

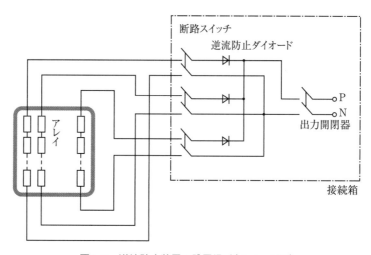

図1-7　逆流防止装置の設置場所（イメージ図）

③集電箱

接続箱の回路を集めて接続し、PCSに送電する設備です。このボックス内は、接続箱から送られてきた電線、集電箱からPCSへ送る電線、これらを切り離すためのブレーカで構成されています。なお、PCSの仕様などによっては設置していない場合もあります。

④パワーコンディショナ(PCS)

モジュールで発電し、送られてきた直流の電気を、交流に変換する設備です。

また、最大電力追従制御運転(MPPT：Maximum Power Point Tracking)によって発電時の電圧・電流を自動で調整して、設置環境や天候によって変化する出力を最大化することもできます。PCSは主に、直流を交流に変換する「インバータ」、電圧や周波数が変動した際に動作する「保護継電器」などで構成されています。

PCSには大きく分けて「集中型」と「分散型」の2種類の方式があり、それぞれにメリット・デメリットが存在します。

・集中(セントラル)型

1台当たりの容量が大きいタイプのPCSです。容量が大きいので設置台数を少なくすることができるため、機器の導入コストや点検作業の工数が少なくて済むことがメリットとして挙げられます。一方で、故障や異常の発生に伴ってPCSが停止した際に、発電ロスが大きくなるおそれがあります。

・分散(ストリング)型

1台当たりの容量が小さいタイプのPCSです。集中型の逆で、設置台数が多いため特定のPCSが故障などで停止しても、発電ロスが該当するPCSに限定されるため比較的少なく済みます。しかしデメリットとして、台数が多ければ多いほど導入・設置コストや点検作業の工数が増えてしまいます。

⑤高圧受変電設備(キュービクル)

発電電圧を配電線の電圧値まで昇圧する昇圧変圧器、配電線や発電所内の異常を検知する保護継電器、保護継電器の動作時に回路を遮断する遮断器などのさまざまな機器が備わっています。以下に、内蔵されている主な機器とその役割について簡単に説明します。

・変圧器(トランス)

交流電源の電圧を上昇・降下(昇圧・降圧)させる機器です。変圧器によって、発電した電気を系統側へ送り出す際には6 600 Vに、発電所内で使用する電源に対しては受電電圧6 600 Vを100 Vや200 Vに変換して使用しています。

・電力需給用計器用変成器(VCT)

「計器用変圧器(VT)」と「変流器(CT)」を1つの筐体に組み込んだ機器です。電力量計(WhM)と組み合わせて電力測定に用います。

・地絡過電圧継電器(OVGR)

電路で地絡事故が発生した際の地絡電流を検出して動作する保護継電器です。太陽光発電所ではOVGR単体で使用され、そのほかの設備では主に後述する地絡方向継電器(DGR)や零相電圧検出器(ZPD)などと組み合わせて使用されます。

- **地絡方向継電器(DGR)**

　地絡電流の大きさと方向(位相)を検知し、事故が発生している配電線だけに動作する保護継電器です。OVGRや零相変流器(ZCT)、零相電圧検出器(ZPD)と組み合わせて使用されます。

- **零相電圧検出器(ZPD)**

　地絡時に発生する零相電圧を検出する機器です。前述したOVGRやDGRなどと組み合わせて使用されます。

- **配線用遮断器(MCCB)**

　通常状態における電路の開閉と、過電流・短絡時に電路の遮断を行う機器です。遮断することによって電路への過電流を防ぎ、電線を保護します。

- **漏電遮断器(ELCB)**

　前述のMCCBに漏電保護機能を付加したもので、通常状態における電路の開閉と、過電流・短絡・地絡時に電路の遮断を行う機器です。

- **高圧交流負荷開閉器(LBS)**

　変圧器やコンデンサなどを保護する開閉器です。高圧限流ヒューズを装着させることで、設備容量300 kV・A以下の高圧受電設備の主遮断装置としても用いられます。事故発生時にはLBSが正常に動作しないと波及事故につながるおそれもあるため、非常に重要な機器です。

- **真空遮断器(VCB)**

　高い絶縁耐力と消弧能力を利用して、定格電流より遥かに大きい短絡電流まで遮断することができる機器です。設備容量300 kV・A超の高圧受電設備の主遮断装置として使用します。

- **断路器(DS)**

　電流が流れていない状態のときに、電路を開閉するための機器です。点検や工事を行う際に、機器を回路から確実に切り離すために使用します。

- **電力量計(WhM)**

　電気の使用量を計測するための電気計器です。太陽光発電所においては、発電した電力量の計測のために使用します。

⑥**引込設備**

　太陽光発電所と配電線の接続部分です。開閉器や地絡継電器などで構成されています。

1.3 太陽光発電所の設置形態

　世界的な脱炭素化に対する取り組みが叫ばれる中で、爆発的にその設置数を増やしている太陽光発電所ですが、その設置形態は環境条件や目的に応じて異なります。主な太陽光発電所の設置形態としては、次の3つが挙げられます。

①屋根上設置型（写真1-1）

　建物や施設の屋根上に太陽電池モジュールを取り付けるタイプで、主に工場や事務所、住宅などの施設で導入されています。屋根上にモジュールを設置することで、未利用のスペースを有効活用することができます。また、当該建物自体に電力を供給することができるため、電気代の削減や災害時などの非常用電源としても活用することが可能です。

　近年では、エネルギーコスト削減と環境への配慮を目的とする自家消費型の太陽光発電所の導入が増加していますが、なかでもこの屋根上設置型が多くを占めています。

写真1-1　屋根上設置型

②地上設置型（写真1-2）

　地上に建設した支柱や架台といった構造物に、モジュールを取り付けるタイプです。広い土地に多くのモジュールを配置すれば大電力が得られるため、主に売電を目的としたメガソーラーなどの大規模な太陽光発電所で導入が進みました。

　また、架台や支柱を高くして農地の上にモジュールを設置することで、農業と太陽光発電の両方を行うソーラーシェアリングという事業でも活用されています（写真1-3）。この事業は、特に農村部での地域振興や環境保護を目的とするプロジェクトとして行われており、土地の多重利用と持続の可能性を追求する1つの方法として広まっています。

写真1-2　地上設置型

写真1-3　ソーラーシェアリング

③水上設置型（写真1-4）

　ダムやため池などの水面にフロート（浮力を持った部材）を浮かべ、その上に架台とモジュールを取り付けるタイプです。未利用の水上空間を有効活用することができると同時に、水面からの反射光があるため、モジュールの表面だけでなく裏面でも発電できる両面発電モジュールを設置すれば、さらなる発電量アップも期待できます。また、水による冷却効果により、モジュールの温度が下がるため、発電効率も維持することが可能です。

写真1-4　水上設置型

　これらの設置形態は、「土地利用」「環境への影響」「コスト」「効果的な運用」などの各種要因に基づいて選択されます。再生可能エネルギーへの感心が集まるなか、これらの形態がさらに進化し、新たな技術と組み合わさることで、太陽光発電の持続可能性がより高まるでしょう。

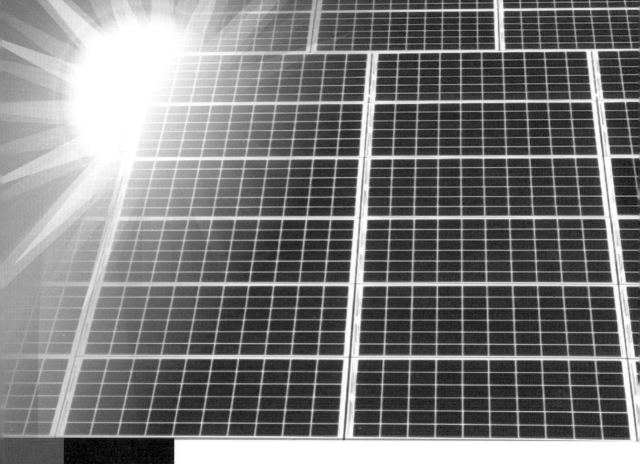

2章

太陽光発電設備の
導入

　太陽光発電の普及拡大を目的に、2009年11月～2012年7月まで実施されていた「太陽発電余剰電力買取制度」も、2019年以降から順次、買取期間の満了を迎えています（卒FIT）。また、余剰電力買取制度と統合する形で2012年7月にスタートした「FIT（Feed-in Tariff）制度」における売電価格の下落や近年の電気料金高騰、BCPの観点から、最初から「自家消費」目的で太陽光発電所を導入するケースも増えています。

　「売電」か、それとも「自家消費」か……。太陽光発電設備は、いま岐路に立っています。

電力の買取制度

（1）余剰電力買取制度（旧制度）

　太陽光発電の普及拡大を目的に、2009年11月〜2012年7月まで実施されていた制度です。自家システムで消費する電力のオーバー分＝余剰電力を、電力会社が買い取ってくれる制度で、買取適用期間は住宅用（発電出力10 kW 未満）・産業用（発電出力10 kW 以上）ともに10年と定められていました。

　そして、制度スタートから10年後の2019年11月、余剰電力への対応が大きく変わりました。10年間という買取適用期間が順次終了していくなかで、

　① 電気事業者と新たに契約をし、売電を続けるか

　② システムを構築して自家消費に切り替えるか

どちらかの選択を迫られることになりました。これが卒 FIT で、契約やシステムの根本的な見直しが発生することから、「2019年問題」として警鐘が鳴らされました。

（2）固定価格買取制度（FIT 制度）

　2012年7月、余剰電力買取制度から「再生可能エネルギーの固定価格買取制度（FIT 制度）」に制度自体が移行しました。このため、「余剰電力買取制度」のことを「旧制度」と呼ぶこともあります。FIT 制度は、再生可能エネルギーの普及を目的として、それらで発電した電気を、電力会社が一定の価格で一定期間買い取ることを国が保障する制度で、電力会社が電気を買い取る際の費用の一部を、電気を使用している人たちから「再生可能エネルギー発電促進賦課金」という形で集め、再生可能エネルギーの導入を支えています（図2-1）。ちなみに、賦課金の単価は、年度ごとに経済産業大臣によって定められ、電気料金に適用されます。

- 水力や風力などの太陽光以外の再生可能エネルギーにも買取制度を導入
- 余剰電力買取に加えて「全量買取」という新たな買取形態を導入（発電出力10 kW 以上の産業用のみ）
- 買取期間の変更

といった点が、余剰電力買取制度と異なっています。

図2-1　FIT制度の仕組み

また、FIT制度は不定期に見直しが行われており、2017年4月には「改正FIT法」が施行されています。新制度では、

- 確実に事業を実施する可能性が高い案件を認定する仕組み
- 発電出力2000 kW以上の太陽光発電設備を対象に入札制度を導入

などの改正が行われました。

このように、制度は都度変化していくため、導入や改修を検討する際には、経済産業省のホームページなどから定期的に情報を確認することが大切です。

（3）FIP制度

2012年に導入されたFIT制度によって、再生可能エネルギーは急速に普及しました。その後、これらを主力電源化するために、2020年6月に「FIP（Feed-in Premium）制度」の導入が決定し、2022年4月からスタートしました。

FIP制度は、FIT制度のように電力会社が固定価格で電力を買い取るという形ではなく、再生可能エネルギー発電事業者が卸電力市場などで売電する際に、その売電価格に対して一定のプレミアム（補助額）を上乗せし、再生可能エネルギーの導入促進する制度です（図2-2）。つまり、発電事業者の収入は以下のようになります。

発電事業者の収入＝売電価格＋プレミアム（補助額）

プレミアムは、再生可能エネルギーで発電した電気が効率的に供給される場合に必要な費用の見込み額などからあらかじめ設定される「基準価格」と、卸電力市場において期待できる平均的な売電収入（1カ月単位で市場価格に連動）である「参照価格」の差になります。

プレミアム（補助額）＝基準価格－参照価格

したがって、FIP制度の場合は買取価格が市場に連動して変わるため、売るタイミングや売り先を選定する必要はありますが、電力の需要と供給のバランスに応じて変動する市場価格を意識しながら発電したり、蓄電池などを活用して市場価格の高いときに売電することで、より多くの収益を得られるというメリットがあります。また、50 kW以上の電源であれば、FIT認定を受けていても移行することができます。

発電事業者が電力の需給バランスを意識して事業に取り組むことで、蓄電池の積極的活用や発電予測の精度が向上し、今後のさらなる再生可能エネルギー導入促進につながります。

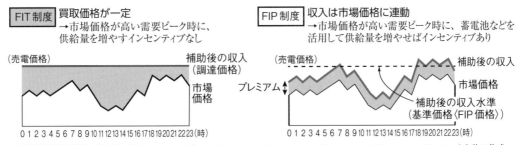

経済産業省 資源エネルギー庁ホームページ（https://www.enecho.meti.go.jp/about/special/johoteikyo/fip.html）を基に作成

図2-2　FIT制度とFIP制度

2.2 売電か自家消費か ～電力の使い道～

（1）余剰売電

　導入した太陽光発電設備が、自家消費システムの電力消費量を上回る発電をしたときに、その余剰電力を電力会社に売電する方法です（図2-3）。

　現在のFIT制度下において、住宅用と発電出力10 kW以上50 kW未満の産業用の場合は、この方法しか選択することができません。一方で、発電出力50 kW以上の場合は、余剰売電に加えて後述する「全量売電」という方法も選択することが可能です。売電期間は、住宅用が10年、産業用が20年と定められています。

　また、電力の買取価格は年度ごとに改定されており、住宅用の場合、2022年度は17円、2023年度は16円となっています。これは、FIT制度が導入された2012年度（42円）の半分以下の価格です（表2-1）。10 kW以上50 kW未満の価格も同様に、年々下落しています（表2-1）。

　したがって、太陽光発電設備の普及によってイニシャルコストが下がったとしても、売電収入を期待して新たにこの売電方法のものを導入するのはリスクが高いかもしれません。

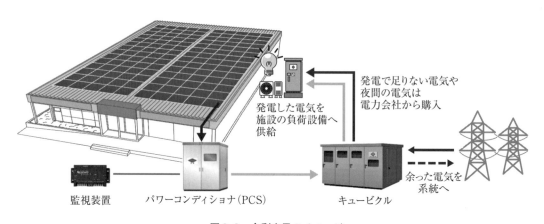

図2-3　余剰売電のイメージ

（2）全量売電

　2012年に施行されたFIT制度から新たに登場したもので、導入した太陽光発電設備が発電したすべての電力を電力会社に売電する方法です（図2-4）。20年という契約期間中は売電価格が一定のため、収益に対する安定性があります。

　この方法は、発電出力50 kW以上の太陽光発電設備から選択することができ、売電期間は20年です。また、買取価格は、発電出力50 kW以上250 kW未満の場合は年度ごとに改定、250 kW以上は入札で決定しています（表2-2）。

表2-1　住宅用（10 kW未満）と10 kW以上50 kW未満の産業用太陽光における売電価格[※1]の推移

	2012年度		2013年度		2014年度	
10 kW未満	42円	34円[※2]	38円	31円[※2]	37円	30円[※2]
10 kW以上50 kW未満	40円＋税[※3]		36円＋税[※3]		32円＋税[※3]	

	2015年度				2016年度			
10 kW未満	33円[※4]	35円[※5]	27円[※2,4]	29円[※2,5]	31円[※4]	33円[※5]	25円[※2,4]	27円[※2,5]
10 kW以上50 kW未満	29円＋税[※3,6]		27円＋税[※3]		24円＋税			

	2017年度				2018年度			
10 kW未満	28円[※4]	30円[※5]	25円[※2,4]	27円[※2,5]	26円[※4]	28円[※5]	25円[※2,4]	27円[※2,5]
10 kW以上50 kW未満	21円＋税[※7]				18円＋税[※7]			

	2019年度		2020年度	2021年度	2022年度	2023年度		
10 kW未満	24円[※4]	26円[※5]	21円	19円	17円	16円		
10 kW以上50 kW未満	14円＋税[※8]		13円＋税[※9]	12円＋税[※9]	11円[※9]	10円[※9]	10円[※9,10]	12円[※9,11]

※1　売電価格は、1 kW・h単位の価格で、売電期間は住宅用が10年、産業用が20年
※2　自家発電設備などを併設する場合（ダブル発電）
※3　10 kW以上の産業用全般における売電価格
※4　出力制御対応機器の設置義務がない場合
※5　出力制御装置の設置義務がある場合。北海道電力、東北電力、北陸電力、中国電力、九州電力、沖縄電力の需給制御に関連する区域において、2015年4月1日以降に契約した発電設備には出力制御対応機器の設置が義務付けられた。
※6　2015年4月1日～6月30日までの価格（利潤配慮期間）。FIT制度開始から3年間は、特定供給者の利潤に特に配慮していた期間で、利潤が上積みされていた。
※7　10 kW以上2000 kW未満の売電価格。FIT制度の改正によって、2000 kW以上からは入札制度によって価格が決定する。
※8　10 kW以上500 kW未満の売電価格。500 kW以上からは入札制度によって価格が決定する。
※9　FIT制度の認定基準として、自家消費型の地域活用要件（自家消費率30％の維持、自立運転機能の搭載）が設定された。
※10　屋根設置。2023年度の4～9月までの売電価格。
※11　屋根設置。2023年度の10～3月までの売電価格。
出典：経済産業省 資源エネルギー庁ホームページ「なっとく！ 再生可能エネルギー」（https://www.enecho.meti.go.jp/category/saving_and_new/saiene/kaitori/fit_kakaku.html）より抜粋。

表2-2　50 kW以上の産業用太陽光における売電価格[※1]の推移

	2020年度	2021年度	2022年度	2023年度		
50 kW以上250 kW未満	12円＋税	11円＋税	10円	9.5円[※2]	9.5円[※3]	12円[※4]
250 kW以上	入札制度によって決定	入札制度によって決定	入札制度によって決定[※5]	入札制度によって決定[※6]		

※1　売電価格は、1 kW・h単位の価格で、売電期間は20年
※2　地上設置。
※3　屋根設置。2023年度の4～9月までの売電価格。
※4　屋根設置。2023年度の10～3月までの売電価格。
※5　第12回10円／第13回9.88円／第14回9.75円／第15回9.63円
※6　第16回9.5円／第17回9.43円／第18回9.35円／第19回9.28円
出典：経済産業省 資源エネルギー庁ホームページ「なっとく！ 再生可能エネルギー」（https://www.enecho.meti.go.jp/category/saving_and_new/saiene/kaitori/fit_kakaku.html）より抜粋。

　現在、産業用太陽光発電所の多くがこの方法で売電を行っており、広く普及していますが、近年では「出力抑制（p.41参照）」の実施や買取価格の低下もしているため、導入を検討する際には綿密な収支シミュレーションをしておくことが重要です。

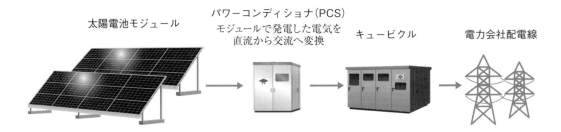

図2-4　全量売電のイメージ

（3）自家消費

　自社や自宅の敷地あるいは屋根（屋上）に設置した太陽光発電設備で生み出した電力を、電力会社に売電するのではなく、自らの需要設備で消費する方法です（図2-5）。

　卒FITなどに際して自家消費に切り替える場合は、追加で導入する設備へのイニシャルコストが必要になりますが、活用方法は多用になります。企業のリスクマネジメントに不可欠なBCP（Business Continuity Plan）対策や高騰している電気料金の削減、さらには火力発電由来の電力を購入する機会を減らせるため、二酸化炭素排出量の削減や脱炭素経営への取り組みに貢献できる点がメリットとして挙げられます。

　前述のFIT制度を導入している太陽光発電所が送配電網（系統）に電力を流すのに対して、自家消費を行う太陽光発電所は施設の使用電力に応じてスピーディに発電の調整（制御）を行う必要があるため、余剰電力を出さない設計にすることが重要です。

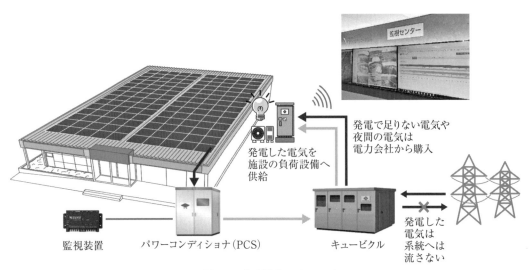

図2-5　自家消費のイメージ

2.3　導入検討のときに知っておくべき法規制

（1）保安規制

　太陽光発電所および発電設備は、「電気事業法」などによって、保安確保のための規制（保安規制）がされています。例えば、発電出力50kW以上の太陽光発電所の場合、電気事業法第43条において、

> 　事業用電気工作物を設置する者（＝設置者）は、事業用電気工作物の工事、維持および運用に関する保安の監督をさせるため、電気事業法施行規則で定めるところにより、電気主任技術者免状の交付を受けている者のうちから、電気主任技術者を選任すること

と規定されています。

　また、電気事業法第42条で、

> 　事業用電気工作物（小規模事業用電気工作物を除く）を設置する者（＝設置者）は、事業用電気工作物の工事、維持および運用に関する保安を確保するため、主務省令で定めるところにより、保安を一体的に確保することが必要な事業用電気工作物の組織ごとに保安規程を定め、当該組織における事業用電気工作物の使用の開始前に、主務大臣（経済産業大臣）に届け出なければならない

と規定されています。

　この「保安規程」とは、電気工作物の工事、維持および運用に関する保安の確保を目的として、電気主任技術者を中心とする電気工作物の保安管理組織、保安業務の分掌、指揮命令系統といった社内保安体制と、これら組織によって行う具体的な保安業務の基本事項を定めたものです。したがって、電気保安に関係がある事項が決定・立案・報告されることがある時点、つまり新たに発電設備などの電気工作物の設置工事を開始する段階で、電気主任技術者を選任しておく必要があります。

　ただし、電気主任技術者の選任や必要な届出は、発電出力や電気工作物の区分によって異なり、2024年時点では表2-3のようになっています。なお、今後も保安規制については変更になる可能性があるため、届出などを行う際は、経済産業省のホームページなどで最新の情報を確認することが大切です。

（2）発電用太陽電池設備に関する技術基準を定める省令

　近年の太陽光発電設備の増加やその設置形態が多様化していることなどを踏まえて、民間規格や認証制度と柔軟かつ迅速に連携できるように、太陽光発電設備に特化した新たな技術基準「発電用太陽電池設備に関する技術基準を定める省令」が2021年4月1日に制定されました。

表2-3　太陽光発電設備の保安規制の対応

区分	一般用電気工作物	事業用電気工作物		
		小規模事業用電気工作物	自家用電気工作物	
発電出力※1	10 kW 未満	10 kW 以上 50 kW 未満	500 kW 未満※2	500 kW 以上 2 000 kW 未満	2 000 kW 以上
技術基準の適合義務	有	有	有	有	有
技術基準維持義務	無	有	有	有	有
電気主任技術者の選任届出	不要	不要	必要	必要	必要
選任			○	○	○
選任許可			○	×	×※4
兼任			○	○	×※4
外部委託			○	○	×※4
保安規程の届出		不要	必要	必要	必要
基礎情報届出		必要	不要	不要	不要
使用前自己確認結果届出		必要	必要	必要	必要
工事計画届出		不要	不要※3	不要※3	必要
使用前安全管理審査		不要	不要	不要	必要
電気事故報告		必要	必要	必要	必要

※1　太陽光発電設備の出力は、原則としてモジュールの合計出力で判断します。ただし、モジュールとパワーコンディショナ(PCS)間に、電力を消費または貯蔵する機器を接続しない場合は、PCSの出力で判断しても構いません。
※2　構内で自家用電気工作物と接続している小規模発電設備(電圧600 V以下の発電用の電気工作物)は、自家用電気工作物に該当する。
※3　発電出力2 000 kW未満の太陽光発電所の設置工事でも、工事計画届出の対象となる場合がある。
※4　発電出力2 000 kW以上5 000 kW未満で連系電圧7 000 kW以下の太陽光発電所の場合は、電気主任技術者の外部委託および兼任が可能。

　本省令は、太陽光発電所を構成する太陽電池モジュールとそれを支持する工作物や昇圧変圧器、遮断器、電路などのなかでも特に、モジュールを支持する工作物(支持物)および地盤に関する技術基準を定めたもので、

- 人体に危害を及ぼし、物件に損傷を与えるおそれがないように施設すること
- 公害の発生や土砂流出などの防止
- モジュールを支持する工作物の構造などについて、各種荷重に対して安定であることや使用する材料の品質など、満たすべき技術的要件

を規定しています。ここでの支持物とは、架台および基礎の部分を指します。

　また同時に、本省令で定める技術的内容をできるだけ具体的に示した「発電用太陽電池設備の技術基準の解釈」も制定されました。なお、電気設備に関しては「電気設備に関する技術基準を定める省令」に規定されています。

（3）設備に求められる強度と性能

　太陽光発電設備の支持物の強度については、発電用太陽電池設備に関する技術基準の解釈に規定されています。なお、設備の高さが4m以上の場合は、建設基準法が求める強度を有することが要求されます。

　モジュールの支持物の性能についても、発電用太陽電池設備に関する技術基準の解釈に規定されています。これまでは土地に自立して設置される太陽光発電設備（地上設置型）が一般的でしたが、近年の設置形態の多様化により、水面に設置される太陽光発電設備（水上設置型）も増加傾向にあります。水上に設置されるモジュールの支持物については、設計時に考慮・検討すべき水面特有の荷重、外力（波力や水位など）、部材、基礎（アンカー）の要求性能についても、発電用太陽電池設備に関する技術基準の解釈に具体的に明記されています。

　昨今、太陽光発電設備に関する法規制について十分に理解しないまま太陽光発電設備を導入・施設するケースも多く、これによって公衆安全に影響を与える重大な破損被害が発生しています。導入を検討する際には、電気関係法令などについても事前にしっかりと理解しておくことが大切です（図2-6）。

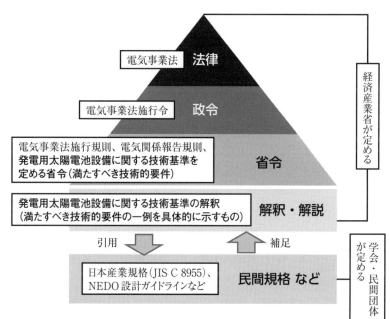

経済産業省ホームページ

（https://www.meti.go.jp/policy/safety_security/industrial_safety/oshirase/2021/04/20210401-02.html）より

図2-6　電気に関連する法体系のイメージ

2.4 導入の流れ

　太陽光発電設備を導入するまでの大まかな流れは、売電型と自家消費型で多少の違いはあるものの、以下のようになります。

（1）現地調査

　設置対象地の状況や周辺状況の確認を行い、太陽電池モジュールなどの設置レイアウト・シミュレーションに必要な情報を取得します。この現地調査にあたっての重要な調査項目としては、以下が挙げられます。

・**方角（方位）**

　モジュールを設置する向きを決める要素になります。日本の場合は、一般的に南向きが最適といわれています。

・**傾斜度**

　モジュールの設置角度を決める要素として、屋根上設置型であれば屋根の勾配を、地上設置型であれば土地の形状を調査します。

・**前面道路の幅員**

　施工や導入後のメンテナンスのときに、工事車両などが出入りすることになります。それらが十分に進入可能なくらいの、道路の幅員があるかを確認します。

・**周辺の障害物の有無**

　設置予定範囲に、モジュールに影を落としてしまう樹木や障害物がないかを確認します。影は発電出力に影響を及ぼしてしまうため、調査データを基にしっかりと考慮する必要があります。

・**海岸からの距離**

　塩害などの影響を考慮した部材選定を行う必要があるため、海岸からの距離を調査します。海に近いほど塩の影響が強くなり、海岸から2km以内は「塩害地域」、200〜500m以内は「重塩害地域」とされています。地域によって差はありますが、海岸から2〜7km以内（台風などの強風時は10km）は塩害の影響を受ける可能性があります。だたし、沖縄県や離島地域の場合は、全域が塩害対策を必要とする地域になります。

・**近隣電柱**

　電柱番号と各電柱の位置を調査します。この情報は、後述する電力会社との協議の際に必要となります。

（2）設置レイアウト・シミュレーションの作成

　現地調査の結果から、レイアウト図や電気図面（太陽光発電設備の単線結線図など）を作成します。より多くの発電量を得るために、ここでの最適なレイアウトの検討が非常に重

30

要となります。レイアウト図が完成したら、周辺の影の影響を考慮しながら、専用ソフトを用いて年間発電シミュレーションを作成します（図2-7）。

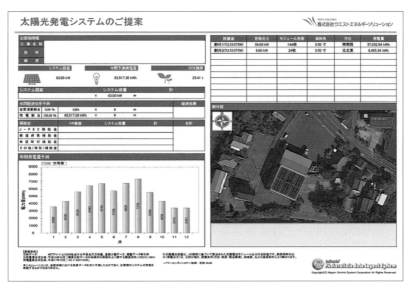

図2-7　シミュレーション結果

• **自家消費型の場合のシミュレーション**

自家消費型の太陽光発電設備の場合、発電した電気が設備の電力使用量を超える時間帯は、出力制御装置で発電を抑えるように設定されているため、その分の無駄が発生してしまいます（図2-8）。したがって、自家消費型では、発電設備の出力の最適化を図ることが重要で、経済的なメリットも考慮し、効果的な設計を行うために、導入するパワーコンディショナ（PCS）の容量を年間の使用電力量と発電量（予測値）をシミュレーションによって比較し、設定する必要があります。

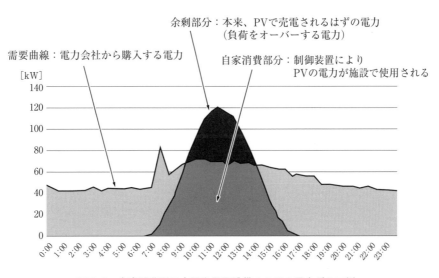

図2-8　自家消費型の太陽光発電設備の1日の電力グラフ例

① 電力使用量の把握

負荷をオーバーする（無駄になってしまう）発電電力を少なくするために、電力量計で計測している「30分値データ」を用いて施設における電力使用量を正確に把握し、最適な出力容量の設計を行います。

② 制御率の設定

自家消費型の太陽光発電設備においては、基本的に三相負荷と単相負荷の割合を考慮した設計が必要になります。そこで、施設ごとの電力使用量の何割が三相負荷になるのか基準を設け、シミュレーションに反映させます（表2-4）。さらに、出力制御装置の「制御しきい値」も同様に考慮します。

なお、出力制御装置は個々で特性が異なるため、導入するPCS、監視装置などに応じて制御率を調整することが重要です。

表2-4　各施設で使用される電力量の三相負荷の割合

施設	三相の場合
オフィス	80%
工場	80%
食品工場	80%
スーパー	60%
ホームセンター	40%
倉庫	80%
冷凍倉庫	80%
病院、診療所	80%
介護施設	70%
ガソリンスタンド	40%
宿泊施設	70%
飲食店	70%
遊戯施設	80%
学校	60%

③ 注意点：導入時の電流ベクトル

需要家は、三相3線で受電しているため、原則としてPCSも三相3線を選定します、この場合、三相3線側にしか電流は流れず、単相側の変圧器にはほとんど電流が流れません。また、設置できるモジュールの出力や、系統が停電したときに太陽光発電設備で発電した電力を利用できるようにする機能（自立運転機能）の関係で単相用のPCSを使用する場合もあります。

しかし、三相3線の受電に対して、需要家側に単相の太陽光発電設備を設置するとベクトルの平衡状態が崩れてしまいます（図2-9）。電力申請時のトラブルにもなるため、不平衡にならないようなシステム構成にしておきましょう。

（3）電力会社との協議

太陽光発電所を設置する場合は、逆潮流の有無にかかわらず、電力会社へ申請を行う必要があります。特に売電を行う場合は、変電所の空き容量の調査が必要となるため、接続契約まで時間が掛かるケースがあるため注意しましょう。

（4）所轄官庁などとの協議

着工前に、建築指導課や消防署、各都道府県・市町村の商工観光課、経済産業省産業保安監督部などの関係所轄官庁らと協議を行い、必要に応じて届出や申請を行います。設置場所の状況などによって関連法規が異なるため、充分な検討が必要になります。

三相負荷のみの場合は平衡状態になる。

$\dot{E}_r$、$\dot{E}_s$、$\dot{E}_t$：三相電圧

$\dot{I}_r$、$\dot{I}_s$、$\dot{I}_t$：三相電流

$\dot{I}_{r0}$：三相と単相電流の合成（R相）

$\dot{I}_{s0}$：三相と単相電流の合成（S相）

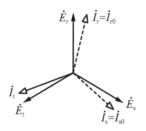

① $\dot{E}_r$、$\dot{E}_s$、$\dot{E}_t$は、120°ずつ位相がズレている

② $\dot{I}_r$、$\dot{I}_s$、$\dot{I}_t$は$\dot{E}_r$、$\dot{E}_s$、$\dot{E}_t$に対して遅れとなっている
（負荷によるため位相は想定）

（a）PV発電なし、単相負荷を未使用（三相負荷のみ）

RS相で単相負荷が使用されることにより、$\dot{I}_{r0}$、$\dot{I}_{s0}$の大きさ、位相が変わり不平衡状態となっている。

$\dot{E}_r$、$\dot{E}_s$、$\dot{E}_t$：三相電圧

$\dot{I}_r$、$\dot{I}_s$、$\dot{I}_t$：三相電流

$\dot{V}_{rs}$：単相電圧

$\dot{I}_a$：単相電流（R相）

$-\dot{I}_a$：単相電流（S相）

$\dot{I}_{r0}$：三相と単相電流の合成（R相）

$\dot{I}_{s0}$：三相と単相電流の合成（S相）

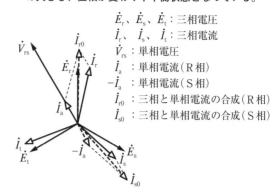

① $\dot{E}_r$、$\dot{E}_s$、$\dot{E}_t$は、120°ずつ位相がズレている

② $\dot{I}_r$、$\dot{I}_s$、$\dot{I}_t$は$\dot{E}_r$、$\dot{E}_s$、$\dot{E}_t$に対して遅れとなっている
（負荷によるため位相は想定）

③ $\dot{V}_{rs}$、$\dot{E}_r$の30°進みとなっている

④ $\dot{I}_a$は、$\dot{V}_{rs}$と同位相（負荷によるため位相は想定）

⑤ $-\dot{I}_a$は、$\dot{I}_a$と逆方向

⑥ $\dot{I}_{r0}$は、$\dot{I}_r$と$\dot{I}_a$の合成。$\dot{I}_{s0}$は、$\dot{I}_s$と$-\dot{I}_a$の合成

（b）PV発電なし、単相負荷を使用時

単相負荷＜発電電力の場合、単相電流が小さくなることで不平衡が改善される。

$\dot{E}_r$、$\dot{E}_s$、$\dot{E}_t$：三相電圧

$\dot{I}_r$、$\dot{I}_s$、$\dot{I}_t$：三相電流

$\dot{V}_{rs}$：単相電圧

$\dot{I}_a$：単相電流（R相）

$-\dot{I}_a$：相電流（S相）

$\dot{I}_{r0}$：三相と単相電流の合成（R相）

$\dot{I}_{s0}$：三相と単相電流の合成（S相）

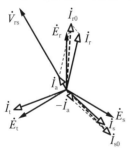

① $\dot{E}_r$、$\dot{E}_s$、$\dot{E}_t$は、120°ずつ位相がズレている

② $\dot{I}_r$、$\dot{I}_s$、$\dot{I}_t$は$\dot{E}_r$、$\dot{E}_s$、$\dot{E}_t$に対して遅れとなっている
（負荷によるため位相は想定）

③ $\dot{V}_{rs}$、$\dot{E}_r$の30°進みとなっている

④ $\dot{I}_a$は、$\dot{V}_{rs}$と同位相（負荷によるため位相は想定）

⑤ $-\dot{I}_a$は、$\dot{I}_a$と逆方向

⑥ $\dot{I}_{r0}$は、$\dot{I}_r$と$\dot{I}_a$の合成。$\dot{I}_{s0}$は、$\dot{I}_s$と$-\dot{I}_a$の合成

（c）単相のPV発電あり（単相負荷＞発電電力）

発電電力が三相負荷で消費される場合、単相電流がベクトルが逆方向となる。

$\dot{E}_r$、$\dot{E}_s$、$\dot{E}_t$：三相電圧

$\dot{I}_r$、$\dot{I}_s$、$\dot{I}_t$：三相電流

$\dot{V}_{rs}$：単相電圧

$\dot{I}_b$：単相からの逆潮電流（R相）

$-\dot{I}_b$：単相からの逆潮電流（S相）

$\dot{I}_{r0}$：三相と単相電流の合成（R相）

$\dot{I}_{s0}$：三相と単相電流の合成（S相）

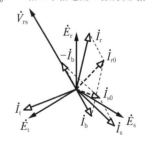

① $\dot{E}_r$、$\dot{E}_s$、$\dot{E}_t$は、120°ずつ位相がズレている

② $\dot{I}_r$、$\dot{I}_s$、$\dot{I}_t$は$\dot{E}_r$、$\dot{E}_s$、$\dot{E}_t$に対して遅れとなっている
（負荷によるため位相は想定）

③ $\dot{V}_{rs}$、$\dot{E}_r$の30°進みとなっている

④ $\dot{I}_b$は、$\dot{I}_a$に対して逆方向となっている

⑤ $-\dot{I}_b$は、$\dot{I}_b$と逆方向となっている

⑥ $\dot{I}_{r0}$は、$\dot{I}_r$と$\dot{I}_b$の合成。$\dot{I}_{s0}$は、$\dot{I}_s$と$-\dot{I}_b$の合成

（d）PV発電あり（発電電力が三相負荷で消費）

図2-9　ベクトル図

（5）設置・配線工事

大まかな設置工事の手順は、以下のようになります。

① 架台の設置

モジュールを載せる架台を建設します（写真2-1、2）。

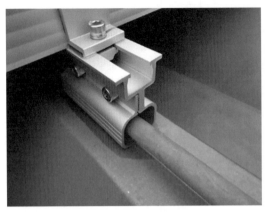

写真2-1　屋根上設置型の架台

写真2-2　地上設置型の架台

② 太陽電池モジュールの設置・配線工事（写真2-3）

接続するときは電気工事を簡素化し、品質を高めるために、モジュールからの配線を減らすことが重要です。

写真2-3　完成した状態

③ パワーコンディショナ（PCS）の設置・配線工事

基本設計として、最大出力が300 kW 未満では分散（ストリング）型（図2-10、写真2-4）を、300 kW 以上では集中（セントラル）型（図2-11、写真2-5）のPCSを採用します。

セントラル型の場合、モジュールを設置している所の近くに接続箱を配置し、ここで回路をまとめてPCSに配線します。一方、ストリング型の場合は接続箱の設置が難しく、必然的に配線数が多くなってしまいます。そうなると、モジュールとPCSの遮断ができないため、絶縁不良やモジュールの故障といったトラブルへの診断が困難になります。そのため、モジュールからの配線は原則として120本以下に設定します。

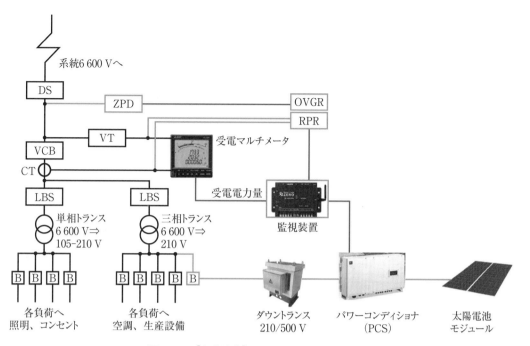

図2-10　【自家消費】ストリング型PCSの配線例

写真2-4　ストリング型PCSの据え付け

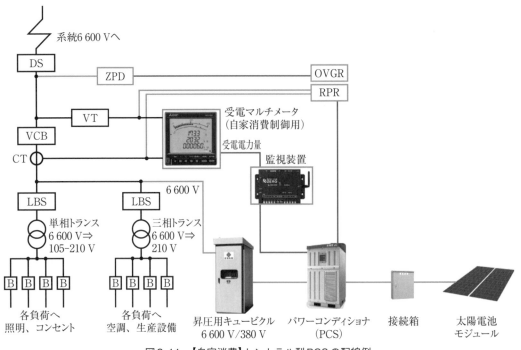

図2-11 【自家消費】セントラル型PCSの配線例

写真2-5 セントラル型PCSの据え付け

④ 監視装置や通信設備などの設置工事（写真2-6）

特に自家消費型の場合は、既存のキュービクルに出力制御装置やマルチメータなどを新たに設置（写真2-7）しなければならないため、大まかに以下の作業が発生します。

・保護継電器

配電線などの系統に地絡事故が発生した場合、または太陽光発電設備が発電した電力が構外に出力（逆潮流）した場合に、系統から当該太陽光発電設備を切り離す（解列させる）ために、地絡事故継電器（OVGR）と逆電力継電器（RPR）を設置しなければなりません。

・マルチメータ

PCSの出力を制御するために、受電電力を計測するマルチメータを設置します。変流器（CT）と変成器（VT）の有無により、設置する保護継電器とマルチメータの結線方法が異なるため注意が必要です（図2-12、13）。

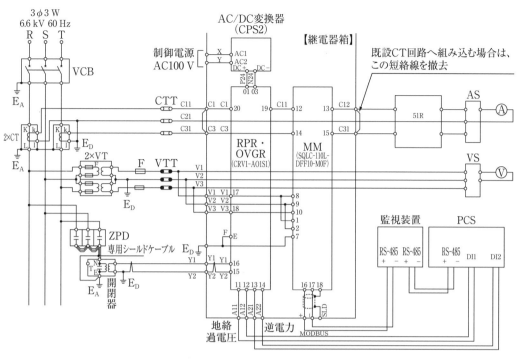

図2-12　既設キュービクルにCT、VTが設置されているときの結線図(例)

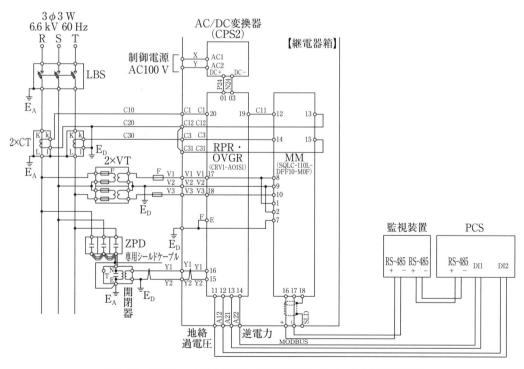

図2-13　既設キュービクルにCT、VTが設置されていないときの結線図(例)

• 変圧器（トランス）

　自家消費型の太陽光発電設備と系統へ連系するためには変圧器が必要ですが、高圧と低圧で配線方式が変わります。高圧の場合、PCSからの電力を6 600 Vにするために昇圧トランスを導入して、受電設備の母線に接続します。一方、低圧の場合、発電した電力はPCSを介して降圧変圧器（ダウントランス）で210 Vに下げ、逆接続が可能な遮断器に接続します。

写真2-6　監視装置の据え付け

写真2-7　既設キュービクルへの各種保護継電器とマルチメータの設置

•蓄電設備

　近年、想定外の自然災害により、日本各地で電力供給が断たれるケースが多発しており、再生可能エネルギーを活用した発電システムに期待が寄せられています。しかし、自立運転機能がPCSに搭載されていなければ、停電時に発電することができませんし、天候や時間帯により使用できる負荷設備も制限されてしまいます。

　そのため、昨今では蓄電設備の導入が推奨されており、当然、自家消費型でも蓄電設備を併設してPCSの容量をフルで使用できる仕組みを構築することも可能です（図2-14）。事実、BCP対策として自家消費型の太陽光発電設備に蓄電設備を導入するケースも増えています。

　なお、蓄電設備は需要家の設備に対して、「特定の負荷にしか供給できないタイプ」と「すべての負荷に供給できるタイプ」があります。後者のほうが便利ですが、その分、導入コストも大きく、すべての負荷に対応するため、使い方次第では、充電残量が「0」になる時間も早くなります。したがって、導入をするときは、想定外の事態も考慮して、ベストなタイプを選択する必要があります。

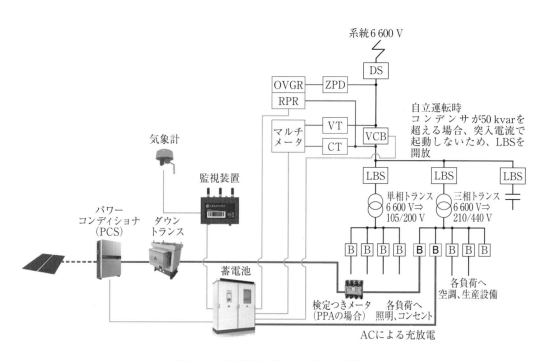

図2-14　蓄電設備を導入した場合の配線例

（6）系統連系

　売電型の場合は、この工事によって、導入した太陽光発電設備で発電した電力を、電力会社の送電線・配電線網（系統）に流せるようになります。電力会社の系統連系には、

　　低圧連系：50 kW 未満の設備を連系

　　高圧連系：50 kW 以上 2 000 kW 未満の設備を連系

　　特別高圧連系：2 000 kW 以上の設備を連系

という 3 つの区分があります。

（7）竣工検査

　完工後、竣工検査を行います。また、2023 年 3 月の電気事業法の改正により、10 kW 以上の太陽光発電所では、竣工検査とは別に「使用前自己確認試験」（2 000 kW 以上の場合は「使用前自主検査」）が必須となっています。

　各検査方法や項目については、第 4 章の「太陽光発電所 保守点検ガイド」で解説します。

（8）引渡し

　設備を長持ちさせるためには、設置後も定期的なメンテナンスを行うことが非常に重要です。

2.5 【売電型は要注意】出力制御

（1）出力制御

　電力系統において、電力を使う量（需要量）と発電する量（供給量）は瞬時、瞬時で一致している必要があり（同時同量の原則）、このバランスを取ることが非常に重要です（図2-15）。このバランスが崩れてしまうと、電気設備の不具合や周波数[※1]が乱れて大規模な停電に発展するなど、さまざまなトラブルにつながる恐れがあります。そのため、太陽光発電などの再生可能エネルギーが拡大する以前は、需要量に合わせて火力発電所などの大規模発電所の発電量（供給量）を調整し、バランスを取ってきました。この電力の需給状況に応じて、発電量（供給量）をコントロール（制御）することを、「出力制御（出力抑制）」といいます。

　現在、時間帯や気候によって大きく供給量が変動する再生可能エネルギー発電所が普及・増加してきた影響で、従来の方法で発電量を調整することが難しくなっており、再生可能エネルギー発電所でも出力制御が実施されることが多くなっています。

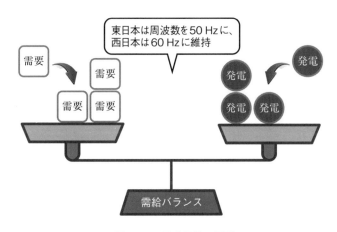

図2-15　同時同量の原則

（2）出力制御の順序

　需要量の変動などの状況ごとに制御の条件や順番を定めた「優先給電ルール」というものがあります。出力制御は、これを基に稼働中の発電所などに対して以下の順序で実施されます。

① 電力会社が調整力としてあらかじめ確保した「発電機の出力制御」「揚水発電所における揚水運転」と、電力会社がオンラインで調整できる「発電機の出力抑制」「揚水発電所における揚水運転」

※1　静岡県の富士川を境に、東日本は50 Hz、西日本は60 Hz

② 電力会社がオンラインで調整できない「火力発電所の出力制御」「揚水発電所における揚水運転」

③ 地域間連系線を活用して、供給エリア外の他地域へ送電（長周期広域周波数調整）

④ 地域資源バイオマス発電[※2]を除いた、バイオマス発電の出力制御

⑤ 地域資源バイオマス発電の出力制御（ただし、燃料貯蔵や技術に由来する制約などにより出力制御が困難なものは除く）

⑥ 自然変動電源（太陽光発電と風力発電）の出力制御

⑦ 電気事業法に基づく電力広域的運営推進機関の指示（需給状況の悪化時の指示）

⑧ 長期固定電源（水力発電、原子力発電、地熱発電）の出力制御

（3）出力制御の適用ルール

　太陽光発電の出力制御は、2018年10月からスタートし、2021年までは九州電力管内のみでしたが、2024年3月時点で東京電力管内以外のほかのエリアでも実施され始めています。出力制御がかかるとその分の発電量、つまり売電収入が減ってしまいますが、再エネ特措法施行規則第5条および様式で「接続契約を締結している一般送配電事業者または特定送配電事業者から国が定める出力抑制の指針に基づいた出力抑制の要請を受けたときは、適切な方法により協力すること」、同規則第14条第8項イで「一般送配電事業者（電力会社）の指示に従い出力の抑制を行うこと」と規定されているため、FIT認定を受けている太陽光発電所は、電力会社からの本指針に基づく出力制御指令を断ることはできません。

　応じない場合には、FIT認定が取り消される可能性があります。

　売電収入に影響を及ぼす出力制御ですが、年間でどのくらい実施されるのかというと、以下の3通りに大別されます。

・旧ルール

　無補償での出力制御を、年間30日を上限として実施します。出力制御された日数が年間30日以上になった場合は、31日目以降の売電収入は補償されることになります。

　2012年にできたルールで、2015年にこれに代わる新しいルールができたため、「旧ルール」と呼ばれています。

・新ルール

　無補償での出力制御を、年間360時間を上限として実施します。出力制御された時間が年間360時間を上回った場合は、それ以降の時間の売電収入については補償されます。

　2015年1月26日に施行された「再生可能エネルギー特別措置法施行規則の一部を改正する省令と関連告示（改正省令・告示）」に基づき、旧ルールからこの新ルールに移行しました。

・無制限・無補償ルール（指定ルール）

　年間での上限を設けず、無制限・無補償で出力制御を実施します。現在、新たに系統へ接続申込をした太陽光発電所は、すべてこの無制限・無補償ルールが適用されます。

※2　地域に賦存する資源を活用する発電設備

どのルールが適用されるかは、電力会社と「系統に接続申込をした時期」「出力制御方式」「発電容量」によって異なります(p.44参照)。それでは、適用要素の1つである出力制御方式について解説します。

（4）出力制御方式

出力制御自体はパワーコンディショナ(PCS)で行いますが、その実施方法には次の2つがあります。

・オフライン制御（手動制御）

電力会社からの出力制御の要請があるたびに作業者が発電所へ赴き、出力制御開始時刻に合わせて、手動でPCSを停止させ出力制御を実施します。出力制御の終了時刻がきたら、今度はPCSを手動で稼働させる必要があるため、手間と労力がかかります。

・オンライン制御（自動制御）

出力抑制機能が搭載されたPCSが、インターネットを介して電力会社からの要請を受信したら自動的に出力制御を実施します。そのため、作業者がわざわざ発電所へ赴かなくてよいというメリットがあります。

また、改正省令・告示が施行された2015年1月26日以降、新たに系統への接続申請を行うすべての太陽光発電所は、オンライン制御をするための出力制御機器(「出力制御対応のPCS」「出力制御ユニット」「インターネット接続機器」)の設置が義務付けられています。ただし、これより前に系統への接続申請をした発電所については設置義務の対象外です。

現在、オフライン制御の太陽光発電所で出力制御が実施される時間は、おおむね8時間程度であるのに対して、オンライン制御の場合は、当日の需給状況に応じて2〜4時間程度であることが多い状況です。オンライン制御のほうが発電抑制量を減らすことができるため、オフライン制御からオンライン制御に切り替える発電所も増えており、オンライン制御の太陽光発電所の割合が徐々に増加してきています。

・オンライン代理制御（経済的出力制御）

2022年4月から、それまで出力制御の対象外だった旧ルール適用(一部エリアでは新ルール含む)の10kW以上500kW未満の太陽光発電所も実施対象に含まれるようになりました(これによって10kW以上のすべての太陽光発電所が出力制御の対象になりました)。しかし、新たに実施対象となった発電所の多くが出力制御機器の設置義務対象外のオフライン制御の発電所であり、ここで新たに出力制御機器の導入を発電事業者に求めることは経済的負担が大きいことから、「オンライン代理制御」という仕組みが登場しました(図2-16)。

これは、オフライン制御の太陽光発電所で本来行われるはずだった出力制御を、オンライン制御の発電所が代わりに実施し、後で金銭的な精算を行うことで、オフライン制御の発電所が出力制御をしたとみなす制度です。代理制御を実施した場合、オンライン制御事業者に対しては、オフライン制御事業者の代わりに出力制御をしていた時間帯に発電していたであろう「みなし発電量」にFITの買取価格を乗じた金額が、代理制御の対価(代理

制御調整金）として買取義務者から支払われます。一方のオフライン制御事業者は、出力制御を代行して貰った分、減算されることになります。

　精算は代理制御が実施された2カ月後に実施され、その結果は買取義務者から発電事業者へ通知されます。なぜ2カ月後になるかというと、分散検針[※3]の関係から、算定に必要となる発電量実績が出揃うのが最短で実施月の翌月末になるためです。

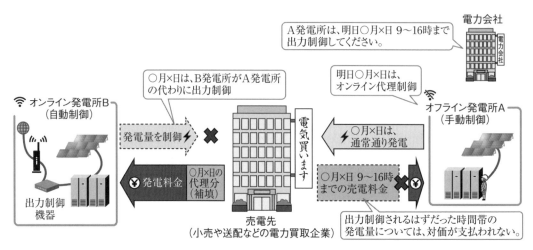

図2-16　オンライン代理制御のイメージ

・出力制御指令

　オフライン制御の場合は、前日に出力制御が実施される時間が指定され、当日は指定通りに時間帯に実施されます。

　これに対して、オンライン制御の場合は、各電力会社がホームページ上で公開している「でんき予報」に、前日時点で「実施の可能性がある」という制御予告が表示されます。ただし、実際に実施されるかは当日の需給状況次第で変化するため、当日指示については、実需給の約2時間前に制御指令が出されます。

（5）各電力会社の適用ルール

　電力会社によって、

　旧ルール：無補償での出力制御を、年間で30日を上限として実施。

　新ルール：無補償での出力制御を、年間で360時間を上限として実施。

　無制限・無補償ルール（指定ルール）：年間での上限を設けず、無制限・無補償で出力制御を実施。

のどれが適用されるのか、次の表に示します。

※3　毎月の1日以外の各日に検針日を分散する方法

【各表の用語解説】

実制御：電力会社からの出力制御指令によって、実際に出力制御を行うこと。

本来制御：当該発電所が本来行うべき出力制御のこと。

被代理制御：オフライン制御の発電所が、オンライン制御の発電所に代わりに出力制御してもらうこと。

代理制御：オンライン事業者が、オフライン事業者の代わりに出力制御を行うこと。

固定スケジュール事業者：出力制御機能付PCSなどは設置されているが、山間部などでインターネット環境の構築が現実的でないといった理由から、あらかじめ1年先などの出力制御スケジュール（固定スケジュール）を登録している発電所。

・北海道

制御ルール	旧ルール		指定ルール
契約申込の受付日	～2015年1月25日		2015年1月26日～
出力制御機器の設置義務	なし		あり
制御方式	オフライン	オンライン※1	オンライン
500 kW 以上	実制御する（本来制御）	実制御する（本来制御＋代理制御）	実制御する（本来制御＋代理制御）
500 kW 未満10 kW 以上	実制御しない（被代理制御）		
10 kW 未満	当面の間、出力制御対象外		無制限の対象となるが、10 kW 以上の出力制御後に行う※2（優先的な取扱い）

※1　出力制御機器を設置した事業者(オンライン化した発電所)。
※2　10 kW 未満(主に住宅用)の太陽光発電については、2015年1月26日に施行された省令改正・告示において経過措置期間が設けられ、制度の施行が2015年4月1日からとされた。したがって、10 kW 未満における各ルールが適用される契約申込の受付日は、「旧ルール：～2015年3月31日」「指定ルール：2015年4月1日～」となっている。

・東北

制御ルール	旧ルール		指定ルール		
契約申込の受付日	～2014年9月30日※1		2014年10月1日～2015年1月25日	2015年1月26日～3月31日※2	2015年4月1日～
出力制御機器の設置義務	なし		あり		
制御方式	オンライン※3	オフライン	オンライン		
500 kW 以上	実制御する（本来制御＋代理制御）	実制御する（本来制御）	実制御する（本来制御＋代理制御）	実制御する（本来制御＋代理制御）	実制御する（本来制御＋代理制御）
500 kW 未満50 kW 以上		実制御しない（被代理制御）			
50 kW 未満10 kW 以上			※4		
10 kW 未満※5	制御対象外				制御対象外※6

※1　東北電力が、年間30日を上限とした出力制御を条件とする受付を終了した日（低圧(50 kW 未満)を除く）。
※2　10 kW 未満(主に住宅用)の太陽光発電については、2015年1月26日に施行された省令改正・告示において経過措置期間が設けられ、制度の施行が2015年4月1日からとされた。したがって、10 kW 未満における各ルールが適用される契約申込の受付日は、「旧ルール：～2015年3月31日」「指定ルール：2015年4月1日～」となっている。
※3　出力制御機器を設置した事業者(オンライン化した発電所)。
※4　2014年10月1日～2015年1月25日の間に、低圧連系で契約申込をした発電所は旧ルールが適用される。
※5　「複数太陽光発電設備設置事業者(別名：屋根貸し。主に、10 kW 未満の太陽光発電設備を複数設置し、その合計量が10 kW 以上となる事業者)」は、10 kW 以上と同様に出力制御対象。
※6　10 kW 以上の制御を行った上で、それでもなお必要な場合において、出力制御を実施。

・東京

制御ルール	旧ルール		新ルール				指定ルール
契約申込の受付日	~2015年1月25日		2015年1月26日~3月31日		2015年4月1日~2021年3月31日		2021年4月1日※1~
出力制御機器の設置義務	なし		なし	あり	なし	あり	あり
制御方式	オフライン	オンライン※2	オフライン	オンライン	オフライン	オンライン	オンライン
500kW以上	実制御する(本来制御)	実制御する(本来制御+代理制御)	–	実制御する(本来制御+代理制御)	–	実制御する(本来制御+代理制御)	実制御する(本来制御+代理制御)
500kW未満50kW以上	実制御しない(被代理制御)	実制御する(本来制御+代理制御)	実制御しない※3(被代理制御)	実制御する(本来制御+代理制御)	–	実制御する(本来制御+代理制御)	実制御する(本来制御+代理制御)
50kW未満10kW以上	実制御しない(被代理制御)	実制御する(本来制御+代理制御)	実制御しない※4(被代理制御)	実制御する(本来制御+代理制御)	実制御しない※4(被代理制御)	実制御する(本来制御+代理制御)	実制御する(本来制御+代理制御)
10kW未満	制御対象外						制御対象外※5

※1 2021年4月1日の「電気事業者による再生可能エネルギー電気の調達に関する特別措置法施行規則」の改正・施行に伴い、全エリアで、発電事業者が系統へ接続するためには無制限・無補償での出力制御への同意が必要となった。また、これによって10kW未満における各ルールが適用される契約申込の受付日は、「旧ルール：~2021年3月31日」「指定ルール：2021年4月1日~」となっている。

※2 出力制御機器を設置した事業者(オンライン化した発電所)。

※3 50kW以上500kW未満の太陽光発電については、2015年1月26日に施行された省令改正・告示において経過措置期間が設けられ、制度の施行が4月1日からとされた。したがって、2015年1月26日~3月31日までに接続申込を行った、50kW以上500kW未満の太陽光発電については、遠隔での出力制御機器の設置義務なし(ただし、2022年度4月以降から新ルールを適用のうえ代理制御対象とされた)。

※4 2022年4月1日の「再生可能エネルギーの電気の利用の促進に関する特別措置法規則」の改正・施行に伴い、出力制御の対象が拡大し、10kW以上の太陽光発電がすべて出力制御の対象となった。この改正前の2015年1月26日~2021年3月31日までに接続申込を行った10kW以上50kW未満の太陽光発電については、出力制御機器の設置義務はなく、2022年4月以降は新ルールを適用したうえで出力制御の対象となった。

※5 10kW未満の指定ルール対象の発電設備は、当面の間、制御対象外。

・北陸

制御ルール	旧ルール		新ルール※1			指定ルール※1
契約申込の受付日	~2015年1月25日		2015年1月26日~3月31日※2		2015年4月1日~2017年1月23日※3	2017年1月24日~
出力制御機器の設置義務	なし		なし	あり	あり	あり
制御方式	オフライン	オンライン※4	オフライン	オンライン	オンライン	オンライン
500kW以上	実制御する(本来制御)	実制御する(本来制御+代理制御)	–	実制御する(本来制御+代理制御)	実制御する(本来制御+代理制御)	実制御する(本来制御+代理制御)
500kW未満50kW以上	実制御しない(被代理制御)	実制御する(本来制御+代理制御)	–	実制御する(本来制御+代理制御)	実制御する(本来制御+代理制御)	実制御する(本来制御+代理制御)
50kW未満10kW以上	実制御しない(被代理制御)	実制御する(本来制御+代理制御)	実制御しない※2(被代理制御)	実制御する(本来制御+代理制御)	実制御する(本来制御+代理制御)	実制御する(本来制御+代理制御)
10kW未満	制御しない		制御しない※5			

※1 固定スケジュール事業者は、固定スケジュールに基づき本来制御(旧ルールのオフライン500kW以上の発電所と同様に代理制御の対象外)。

※2 50kW未満の太陽光発電については、2015年1月26日に施行された省令改正・告示において経過措置期間が設けられ、制度の施行が4月1日からとされた。したがって、2015年1月26日~3月31日までに接続申込を行った、10kW以上50kW未満の太陽光発電については、出力制御機器の設置義務なし(ただし、2022年度4月以降から新ルールを適用のうえ代理制御対象とされた)。また、10kW未満における各ルールが適用される契約申込の受付日は、「旧ルール：~2015年3月31日」「新ルール：2015年4月1日~2017年1月23日」「指定ルール：2017年1月24日~」となっている。

※3　北陸電力の太陽光発電設備の接続契約申込量が30日等出力制御枠の110万kWに達した日。

※4　出力制御機器を設置した事業者(オンライン化した発電所)

※5　10kW以上の制御を行ったうえで、それでもなお必要な場合において、10kW未満の事業者に対して出力制御を行うものとする。

・中部

制御ルール	旧ルール		新ルール				指定ルール
契約申込の受付日	～2015年1月25日		2015年1月26日～3月31日		2015年4月1日～2021年3月31日		2021年4月1日※1～
出力制御機器の設置義務	なし		なし	あり	なし	あり	あり
制御方式	オフライン	オンライン※2	オフライン	オンライン	オフライン	オンライン	オンライン
500kW以上	実制御する(本来制御)	実制御する(本来制御＋代理制御)	－	実制御する(本来制御＋代理制御)	－	実制御する(本来制御＋代理制御)	実制御する(本来制御＋代理制御)
500kW未満50kW以上	実制御しない(被代理制御)		実制御しない※3(被代理制御)				
50kW未満10kW以上			実制御しない※4(被代理制御)		実制御しない※4(被代理制御)		
10kW未満	－						

※1　2021年4月1日の「電気事業者による再生可能エネルギー電気の調達に関する特別措置法施行規則」の改正・施行に伴い、全エリアで、発電事業者が系統へ接続するためには無制限・無補償での出力制御への同意が必要となった。また、これによって10kW未満における各ルールが適用される契約申込の受付日は、「旧ルール：～2021年3月31日」「指定ルール：2021年4月1日～」となっている。

※2　出力制御機器を設置した事業者(オンライン化した発電所)

※3　50kW以上500kW未満の太陽光発電については、2015年1月26日に施行された省令改正・告示において経過措置期間が設けられ、制度の施行が4月1日からとされた。したがって、2015年1月26日～3月31日までに接続申込を行った、50kW以上500kW未満の太陽光発電については、遠隔での出力制御機器の設置義務なし(ただし、2022年度4月以降から新ルールを適用のうえ代理制御対象とされた)。

※4　2022年4月1日の「再生可能エネルギーの電気の利用の促進に関する特別措置法規則」の改正・施行に伴い、出力制御の対象が拡大し、10kW以上の太陽光発電がすべて出力制御の対象となった。この改正前の2015年1月26日～2021年3月31日までに接続申込を行った10kW以上50kW未満の太陽光発電については、出力制御機器の設置義務はなく、2022年4月以降は新ルールを適用したうえで出力制御の対象となった。

・関西

制御ルール	旧ルール		新ルール				指定ルール
契約申込の受付日	～2015年1月25日		2015年1月26日～3月31日		2015年4月1日～2021年3月31日		2021年4月1日※1～
出力制御機器の設置義務	なし		なし	あり	なし	あり	あり
制御方式	オフライン	オンライン※2	オフライン	オンライン	オフライン	オンライン	オンライン
500kW以上	実制御する(本来制御)	実制御する(本来制御＋代理制御)	－	実制御する(本来制御＋代理制御)	－	実制御する(本来制御＋代理制御)	実制御する(本来制御＋代理制御)
500kW未満50kW以上	実制御しない(被代理制御)		実制御しない※3(被代理制御)				
50kW未満10kW以上			実制御しない※4(被代理制御)		実制御しない※4(被代理制御)		
10kW未満	当面の間、出力制御対象外※5						

※1　2021年4月1日の「電気事業者による再生可能エネルギー電気の調達に関する特別措置法規則」の改正・施行に伴い、全エリアで、発電事業者が系統へ接続するためには無制限・無補償での出力制御への同意が必要となった。また、

これによって10kW未満における各ルールが適用される契約申込の受付日は、「旧ルール：〜2021年3月31日」「指定ルール：2021年4月1日〜」となっている。

※2 出力制御機器を設置した事業者(オンライン化した発電所)

※3 50kW以上500kW未満の太陽光発電については、2015年1月26日に施行された省令改正・告示において経過措置期間が設けられ、制度の施行が4月1日からとされた。したがって、2015年1月26日〜3月31日までに接続申込を行った、50kW以上500kW未満の太陽光発電については、遠隔での出力制御機器の設置義務なし(ただし、2022年度4月以降から新ルールを適用のうえ代理制御対象とされた)。

※4 2022年4月1日の「再生可能エネルギーの電気の利用の促進に関する特別措置法規則」の改正・施行に伴い、出力制御の対象が拡大し、10kW以上の太陽光発電がすべて出力制御の対象となった。この改正前の2015年1月26日〜2021年3月31日までに接続申込を行った10kW以上50kW未満の太陽光発電については、出力制御機器の設置義務はなく、2022年4月以降は新ルールを適用したうえで出力制御の対象となった。

※5 (設備認定容量)10kW以上の出力制御を行った上で、それでもなお必要な場合においては、10kW未満に対しても出力制御を行う。

・中国

制御ルール	旧ルール		新ルール[※1]		指定ルール[※1]
契約申込の受付日	〜2015年1月25日		2015年1月26日〜3月31日[※2]	2015年4月1日〜2018年7月11日[※3]	2018年7月12日〜
出力制御機器の設置義務	なし		なし	あり	あり	あり
制御方式	オフライン	オンライン[※4]	オフライン	オンライン	オンライン	オンライン
500kW以上	実制御する(本来制御)	実制御する(本来制御＋代理制御)	ー	実制御する(本来制御＋代理制御)	実制御する(本来制御＋代理制御)	実制御する(本来制御＋代理制御)
500kW未満50kW以上	実制御しない(被代理制御)					
50kW未満10kW以上			実制御しない[※2](被代理制御)			
10kW未満	当面の間、出力制御対象外[※5]					

※1 固定スケジュールの対象事業は、固定スケジュールに基づき本来制御。

※2 50kW未満の太陽光発電については、2015年1月26日に施行された省令改正・告示において経過措置期間が設けられ、制度の施行が2015年4月1日からとされた。したがって、2015年1月26日〜3月31日までに接続申込を行った、10kW以上50kW未満の太陽光発電については、出力制御機器の設置義務なし(ただし、2022年度4月以降から新ルールを適用のうえ代理制御対象とされた)。また、10kW未満における各ルールが適用される契約申込の受付日は、「旧ルール：〜2015年3月31日」「新ルール：2015年4月1日〜2018年7月11日」「指定ルール：2018年7月12日〜」となっている。

※3 30日等出力制御枠の660万kWに到達した日。

※4 出力制御機器を設置した事業者(オンライン化した発電所)。

※5 複数太陽光発電設備を設置している事業は、10kW未満であっても出力制御の対象とし、オンライン代理制御による出力制御を実施する。

・四国

制御ルール	旧ルール		新ルール[※1]	指定ルール
契約申込の受付日	〜2014年12月2日[※2,3]		2014年12月3日〜2016年1月22日[※3,4]	2016年1月25日〜
出力制御機器の設置義務	なし		あり	あり
制御方式	オフライン	オンライン[※5]	オンライン	オンライン
500kW以上	実制御する(本来制御)	実制御する(本来制御＋代理制御)	実制御する(本来制御＋代理制御)	実制御する(本来制御＋代理制御)
500kW未満50kW以上	実制御しない(被代理制御)			
50kW未満10kW以上				
10kW未満	当面の間、出力制御対象外			

※1 固定スケジュール事業者は、固定スケジュールに基づき本来制御(旧ルールの500kW以上オフライン発電所と同様に代理制御対象外)。

※2 四国電力および淡路島南部の接続済および契約申込済の太陽光発電設備の設備量の合計が、接続可能量の219万kWに到達した日。

※3 10 kW未満(主に住宅用)の太陽光発電については、2015年1月26日に施行された省令改正・告示において経過措置期間が設けられ、制度の施行が2015年4月1日からとされた。したがって、10 kW未満における各ルールが適用される契約申込の受付日は、「旧ルール:〜2015年3月31日」「新ルール:2015年4月1日〜2016年1月22日」「指定ルール:2016年1月25日〜」となっている。

※4 四国電力および淡路島南部の接続済および契約申込済の太陽光発電設備の設備量の合計が、接続可能量の257万kWに到達した日。2016年1月22日が金曜日だったため、指定ルールの適用開始が翌営業日の1月25日となっている。

※5 出力制御機器を設置した事業者(オンライン化した発電所)。

・九州

制御ルール	旧ルール		指定ルール[※1]
契約申込の受付日	〜2015年1月25日[※2]		2015年1月26日〜[※2]
出力制御機器の設置義務	なし		あり
制御方式	オフライン	オンライン[※3]	オンライン
500 kW以上	基本は実制御しない(被代理制御＋本来制御[※4])	実制御する(本来制御＋代理制御)	実制御する[※5](本来制御＋代理制御)
500 kW未満10 kW以上	実制御しない(被代理制御)		
10 kW未満	制御対象外[※6]		

※1 省令改正・告示が施行された2015年1月26日時点で、九州電力では接続申込量が系統への接続可能量をすでに超過していたため、新ルールが設定されなかった。

※2 10 kW未満(主に住宅用)の太陽光発電については、2015年1月26日に施行された省令改正・告示において経過措置期間が設けられ、制度の施行が2015年4月1日からとされた。したがって、10 kW未満における旧・指定ルールが適用される契約申込の受付日は、「旧ルール:〜2015年3月31日」「指定ルール:2015年4月1日〜」となっている。

※3 出力制御機器を設置した事業者(オンライン化した発電所)

※4 オンライン制御のみでは、制御量が不足する場合に限り、実制御(本来制御)を実施。

※5 10 kW未満の太陽光発電設備を自ら所有していない複数の場所に設置し、当該設備を用いて発電した電気を電気事業者に対して供給する事業で、当該事業に用いる設備の出力の合計が10 kW以上になる第一種または第二種複数太陽光発電設備設置事業(屋根貸し)を含む。

※6 10 kW以上の制御を行った上で、それでもなお必要な場合において、出力制御を実施。

・沖縄

制御ルール	旧ルール		新ルール	指定ルール
契約申込の受付日	〜2015年1月25日[※1]		2015年1月26日〜2021年3月31日[※1]	2021年4月1日〜
出力制御機器の設置義務	なし		あり	あり
制御方式	オフライン	オンライン[※2]	オンライン	オンライン
500 kW以上	実制御する(本来制御)	実制御する(本来制御＋代理制御)	実制御する(本来制御＋代理制御)	実制御する(本来制御＋代理制御)
500 kW未満10 kW以上	実制御しない(被代理制御)			
10 kW未満	当面の間、出力制御対象外[※3]			

※1 10 kW未満(主に住宅用)の太陽光発電については、2015年1月26日に施行された省令改正・告示において経過措置期間が設けられ、制度の施行が2015年4月1日からとされた。したがって、10 kW未満における各ルールが適用される契約申込の受付日は、「旧ルール:〜2015年3月31日」「新ルール:2015年4月1日〜2021年3月31日」「指定ルール:2021年4月1日〜」となっている。

※2 出力制御機器を設置した事業者(オンライン化した発電所)

※3 10 kW以上の制御を行った上で、それでもなお必要な場合において、10 kW未満の発電所についても出力制御を行うものとする。

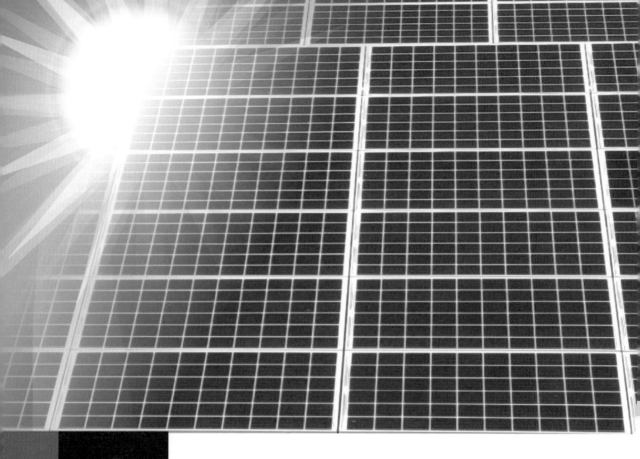

3章

章

太陽光発電設備の
特性および技術

　1章で述べたように、太陽電池発電設備は太陽電池モジュール、受変電設備、パワーコンディショナ（PCS）、接続箱、集電箱などから構成されています。本章では、太陽電池モジュールの出力特性やPCSの機能などについて電気的に詳しく解説します。

（1）出力特性（I-V特性）

① 太陽電池モジュール

　モジュールの出力特性をI-V特性といい、横軸を電圧V、縦軸を電流Iとした曲線で描かれ、正常な場合は図3-1のようになります。I-V特性は主に次の３つの要素で表されます。

・開放電圧V_{OC}

　モジュールの両端を開放状態にしたときの電圧で、光の強さ（放射照度）が強いほど、また温度が低いほど開放電圧は高くなります（図3-2、3）。一般に、開放電圧が高いほどモジュールが良好であるといえます。

・短絡電流I_{SC}

　モジュールの両端を短絡したときに流れる電流で、放射照度が強いほど短絡電流は大きくなりますが、温度の影響は比較的小さいです（図3-2、3）。また、太陽電池の劣化や陰の影響により、短絡電流が小さくなることがあります。

・最大出力P_{max}

　最大出力P_{max}は、最大出力電圧V_{mp}と最大出力電流I_{mp}の積で求められます。なお、モジュールが最大の出力を得られる点のことを最大出力点MPP（Maximum Power Point）ともいいます。また、理論上の最大出力は開放電圧V_{OC}×短絡電流I_{SC}で表され、p.63で述べる曲線因子（FF値）を求める際に用いられます。

　I-V特性からはモジュールに不具合が発生しているか否か、あるいはどのような異常が発生しているかを推測することが可能な場合があるため、メンテナンスをするうえで非常に重要な指標となります。

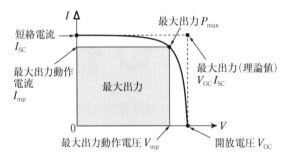

最大出力P_{max}：V-I特性上で電流と電圧の積が最大となる点における出力
開放電圧V_{OC}　：太陽電池の正負極間が開放状態における電圧
短絡電流I_{SC}　：太陽電池の正負極間が短絡状態における電流
最大出力動作電圧V_{mp}：最大出力点における電圧
最大出力動作電流I_{mp}：最大出力点における電流

図3-1　モジュールのI-V特性

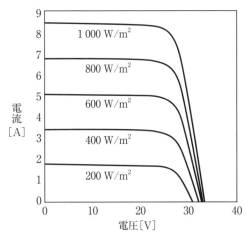

図3-2　モジュールの放射照度特性

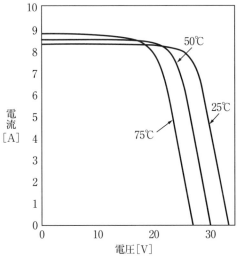

図3-3　モジュールの温度特性

・バイパスダイオードと出力特性

　通常、バイパスダイオードは、モジュール内の数個のセルごとに直列接続されたセルの
ストリング(セルストリング)に並列に接続されます。影になったセルや損傷したセルがあ
る場合、そのセルストリングにかかる電圧がバイパスダイオードの順方向しきい値を超え
ると、ダイオードが導通し、電流がダイオードを通って迂回します。これにより、影に
なったセルに過剰な電流が流れることを防ぎ、ホットスポット現象を回避します。ホット
スポット現象とは、一部のセルがほかのセルよりも高温になる現象のことです。モジュー
ルの汚損、損傷、影などによる不均一な照射や通電が原因で発生し、発電効率の低下やモ
ジュールの損傷を引き起こします。ここでは日陰によりモジュールが覆われた場合、バイ
パスダイオードの有無で*I-V*特性がどのように変化するか見てみましょう(図3-4)。

同図より、バイパスダイオードを設置しているモジュールの出力（ⓐ＋ⓑ＋ⓒ）は、A点までははバイパスダイオードによりセルストリングⓐの影響を補償できていることがわかります。一方、バイパスダイオードを設置していないモジュールの出力は、セルストリングⓐの影響によりストリングⓑ、ⓒ単体の出力は正常であるにもかかわらず、全体の出力（ⓐ＋ⓑ＋ⓒ）がストリングⓐの出力まで低下しています。この結果から、バイパスダイオードは日陰の影響をある程度は抑えることができ、出力特性を改善することがわかります。

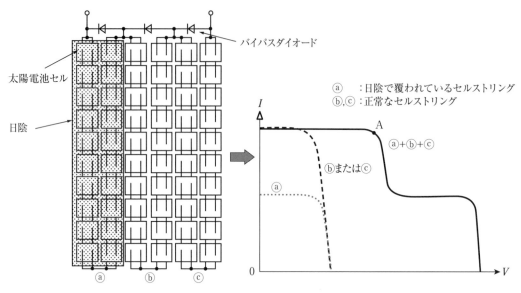

(a) バイパスダイオードを設置したモジュール

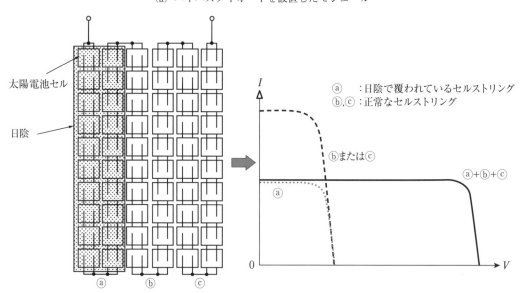

(b) バイパスダイオードを設置しないモジュール

図3-4　バイパスダイオードの有無と *I-V* 特性

② ストリング

　主なモジュールは約60個のセルから構成されています。また、モジュールを数個ほど直列に接続してストリングが構成されています。直列接続するモジュールの数はパワーコンディショナ(PCS)の入力最大許容電圧と最大電力追従制御運転(MPPT)の最低動作電圧から決定します(MPPTについては後述します)。ここでは、表3-1のような特性をもつモジュールを接続してストリングを作ったとします(図3-5(a))。このとき、モジュールをいくつ接続すればよいかを計算してみましょう。なお、I-V特性は図3-5(b)のようになります。

表3-1　モジュールの特性(例)

種類	多結晶	効率[%]	14.68
セルサイズ[mm]	156×156	出力許容差[±%]	3
接続(Unit)	60(6×10)	最大システム電圧[V]	1 000(IEC), 600(UL)
外形寸法[mm]	1650×991×40	最大出力温度係数[%/℃]	0.44
質量[kg]	19.5	最大出力電圧温度係数a[%/℃]	0.34
動作温度範囲[℃]	−40〜85	最大出力電流温度係数[%/℃]	0.055
最大耐風圧[Pa]	2400	モジュール温度[℃]	25
耐積雪圧[Pa]	5400	最低動作電圧[V]	320
最大静圧[Pa]		最高動作電圧[V]	600
バイパスダイオード	3/6個	予想最高温度[℃]	80
最大出力[W]	245	予想最低温度[℃]	−10
開放電圧V_{OC}[V]	37.58	最高温度時開放電圧[V]	30.4
開放電圧温度係数b[%/℃]	0.321	最低温度時開放電圧[V]	41.8
短絡電流I_{SC}[A]	8.76	最高温度時動作電圧[V]	24.0
最大出力動作電圧V_{mp}[V]	29.66	最低温度時動作電圧[V]	33.0
最大出力動作電流I_{mp}[A]	8.09	使用温度範囲[℃]	−10〜80

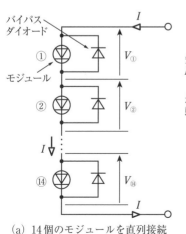

(a) 14個のモジュールを直列接続

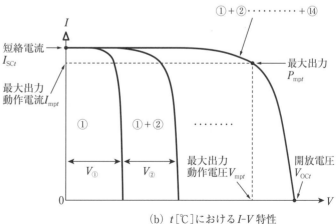

(b) t[℃]におけるI-V特性

図3-5　ストリング

ここで、t[℃]におけるMPPT運転時のモジュールの最大出力動作電圧V_{mpt}[V]は、

$$V_{mpt} = V_{mp} - \frac{a}{100}(t-25)V_{mp} \tag{3-1}$$

ただし、

V_{mp}：25℃における最大出力動作電圧[V]

$\quad a$：最大出力電圧温度計数[%/℃]

となります。また、t[℃]におけるモジュールの開放電圧V_{OCt}[V]は、

$$V_{OCt} = V_{OC} - \frac{b}{100}(t-25)V_{OC} \tag{3-2}$$

ただし、

V_{OC}：25℃における開放電圧[V]

$\quad b$：開放電圧温度計数[%/℃]

となります。

　例えば、入力電圧範囲がDC310〜600 V、MPPTの運転範囲がDC320〜550 VであるPCSと、表3-1のモジュールを組み合わせて考えてみます（ただし、使用環境は−10〜80℃とします）。

　モジュールの最低電圧は80℃におけるMPPT運転時の電圧V_{mpt}以上とする必要があり、(3-1)式を適用して次のように決めます。モジュールの最低電圧$V_{80℃}$は、$V_{mp} = 29.66$[V]、$a = 0.34$ですから、

$$V_{80℃} = 29.66 - \frac{0.34}{100}(80-25) \times 29.66 \fallingdotseq 24.11\,[\text{V}] \tag{3-1-1}$$

　また、モジュールの最高電圧は−10℃の開放電圧V_{OCt}以下とする必要があり、(3-2)式を適用して次のように決めます。モジュールの最高電圧$V_{-10℃}$は、$V_{OC} = 37.58$[V]、$b = 0.321$[%/℃]ですから、

$$V_{-10℃} = 37.58 - \frac{0.321}{100}(-10-25) \times 37.58 \fallingdotseq 41.80\,[\text{V}] \tag{3-2-1}$$

　したがって、モジュールの最低電圧を確保する直列数n_{min}は、表3-1の最低動作電圧 ＝ 320[V]と(3-1-1)式より、

$$n_{min} = \frac{最大電力追従運転の最低動作電圧}{モジュールの最低電圧V_{80℃}} = \frac{320}{24.11} \fallingdotseq 13.28\,[\text{枚}]$$

　モジュールの最高電圧を確保する直列数n_{max}は、表3-1の最高動作電圧 ＝ 600[V]と(3-2-1)式より、

$$n_{max} = \frac{PCSの入力最大電圧}{モジュールの最高電圧V_{-10℃}} = \frac{600}{41.80} \fallingdotseq 14.354\,[\text{枚}]$$

　以上より、モジュールの直列数は14になると判断できます。

　したがって、モジュールを14個直列したストリングの出力P_{str}は、

$$P_{str} = 245\,[\text{W}] \times 14 = 3\,430\,[\text{W}]$$

となります。

　ここで、(3-1)式と(3-2)式を適用して表3-1のモジュールを使用したときの温度、直列数による電圧の変化を表3-2に示します。直列数の検討には、本データを活用するとよいでしょう。

表3-2　温度、直列数による電圧変化

モジュール温度 t [℃]	V_{OCt} [V]	V_{mpt} [V]	13直列		14直列		15直列	
			V_{OCt} [V]	V_{mpt} [V]	V_{OCt} [V]	V_{mpt} [V]	V_{OCt} [V]	V_{mpt} [V]
−20	43.01	34.20	559.11	444.57	602.12	478.77	645.13	512.97
−15	42.41	33.69	551.27	438.02	593.67	471.71	636.08	505.41
−10	41.80	33.19	543.43	431.46	585.23	464.65	627.03	497.84
−5	41.20	32.69	535.59	424.91	576.79	457.59	617.98	490.28
0	40.60	32.18	527.75	418.35	568.34	450.54	608.94	482.72
5	39.99	31.68	519.90	411.80	559.90	443.48	599.89	475.15
10	39.39	31.17	512.06	405.24	551.45	436.42	590.84	467.59
15	38.79	30.67	504.22	398.69	543.01	429.36	581.79	460.03
20	38.18	30.16	496.38	392.13	534.56	422.30	572.75	452.46
25	37.58	29.66	488.54	385.58	526.12	415.24	563.70	444.90
30	36.98	29.16	480.70	379.03	517.68	408.18	554.65	437.34
35	36.37	28.65	472.86	372.47	509.23	401.12	545.61	429.77
40	35.77	28.15	465.02	365.92	500.79	394.06	536.56	422.21
45	35.17	27.64	457.18	359.36	492.34	387.00	527.51	414.65
50	34.56	27.14	449.33	352.81	483.90	379.94	518.46	407.08
55	33.96	26.63	441.49	346.25	475.45	372.89	509.42	399.52
60	33.36	26.13	433.65	339.70	467.01	365.83	500.37	391.96
65	32.75	25.63	425.81	333.14	458.57	358.77	491.32	384.39
70	32.15	25.12	417.97	326.59	450.12	351.71	482.27	376.83
75	31.55	24.62	410.13	320.03	441.68	344.65	473.23	369.27
80	30.95	24.11	402.29	313.48	433.23	337.59	464.18	361.70
85	30.34	23.61	394.45	306.92	424.79	330.53	455.13	354.14
90	29.74	23.11	386.61	300.37	416.35	323.47	446.08	346.58

最大出力電圧温度係数 a [%/℃]	0.34
開放電圧温度係数 b [%/℃]	0.321
開放電圧 V_{OC} [V]	37.58
最大出力動作電圧 V_{mp} [V]	29.66

③ 太陽電池アレイ

同じストリングを並列に接続したものを太陽電池アレイといい、出力は数十kWほどになります。図3-6にアレイの構造と正常時のI-V特性を示します。

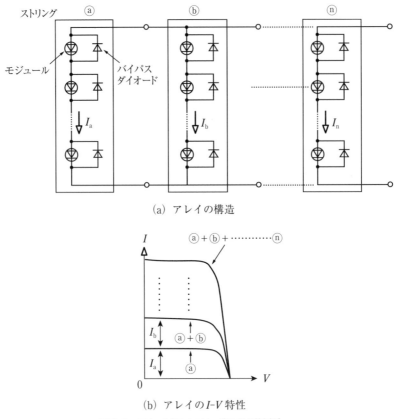

(a) アレイの構造

(b) アレイのI-V特性

図3-6　アレイ(ストリングの並列接続)

アレイは、ストリング単位で構成することが理想的ですが、そうでない場合もあります。例えば、アレイが20モジュールで構成されているとすると、今回の場合、ストリングは14個であるため6モジュールだけ余ることになり、次のモジュールの8モジュールとストリングを構成することになります(図3-7)。

このようにアレイがストリング単位で構成されていない場合は次のようなデメリットがあります。

・効率の低下

ストリング単位で構成されていない場合、個々のモジュール間で性能のバランスが取れず、効率が低下する可能性があります。特に、一部のモジュールが影になったり、劣化が進んだりしている場合、全体の発電効率に影響を与えることがあります。

・最大電力追従制御運転(MPPT)の最適化困難

ストリング単位で構成されている場合、各ストリングに対して最適な動作点を追従することができます。しかし、ストリング単位でない場合、全体の最適な動作点を見つけるこ

とが難しくなり、MPPTの効率が低下するおそれがあります。

・**故障診断が困難**

　ストリング単位で構成されている場合、故障が発生した際に特定のストリングを容易に特定し、修理や交換を行うことができます。しかし、ストリング単位でない場合、故障箇所の特定が難しく、診断に多くの時間を要することがあります。

・**配線の複雑化**

　ストリング単位で構成されている場合、配線がシンプルで管理が容易です。一方で、ストリング単位でない場合、配線が複雑になり、設置や管理が難しくなることがあります。

　これらのデメリットを踏まえ、アレイの設計や構成を決定する際には、システムの効率、メンテナンスのしやすさ、およびコストのバランスを考慮することが重要です。ストリング単位で構成することにより、これらの問題を軽減し、太陽光発電システムの全体的な性能と信頼性を向上させることができます。

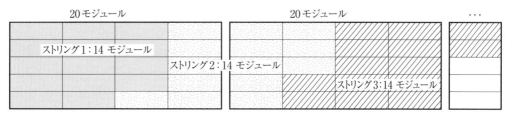

図3-7　ストリングとモジュールの構成

（2）不具合による*I-V*特性の変化

　モジュールに不具合があると*I-V*特性は正常時とは異なる曲線となり、どのような不具合が生じているかを判断する指標となります。*I-V*特性の変化の特徴と考えられる不具合の原因を次に示します。

① ステップ（段階的な変化）が見られる（図3-8）

　〈考えられる原因〉

　・アレイまたはモジュールの受光面への部分的な影

　・アレイまたはモジュールの受光面への部分的な汚れ

　・モジュールの損傷

　・バイパスダイオードの故障

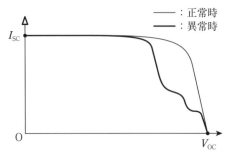

図3-8　ステップ(段階的な変化)が見られる[*1]

② 短絡電流I_{SC}が低下している(図3-9)

〈考えられる原因〉

- 受光面の広範囲な汚損
- リボン状の影
- モジュールの劣化や割れ

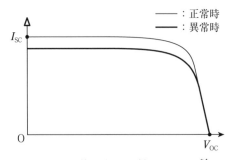

図3-9　短絡電流I_{SC}が低下している[*1]

③ 開放電圧V_{OC}が低下している(図3-10)

〈考えられる原因〉

- バイパスダイオードの故障
- モジュールまたはアレイの内部接続の不良
- ストリングのモジュール数が異なる
- PID(Potential Induced Degradation:誘起劣化)の発生
- セル、モジュール、ストリング全体に影がかかっている

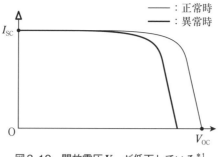

図3-10　開放電圧 V_{OC} が低下している[*1]

④ 曲線が緩やかになる（図3-11）

〈考えられる原因〉

- 劣化の兆候
- FF（フィルファクター）の低下

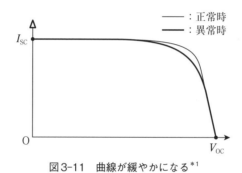

図3-11　曲線が緩やかになる[*1]

⑤ 傾きが緩やかになる（図3-12）

〈考えられる原因〉

- モジュールの配線の損傷または断線
- ケーブルのサイズ不足
- モジュールまたはアレイの内部接続の不良
- モジュールの直列抵抗値の上昇

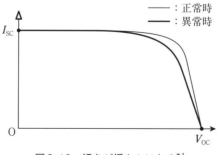

図3-12　傾きが緩やかになる[*1]

⑥ 全体的に低下している（図3-13）

〈考えられる原因〉

- セル内の漏れ電流の増加
- モジュールI_{SC}のミスマッチ
- 部分的な日陰または汚れ

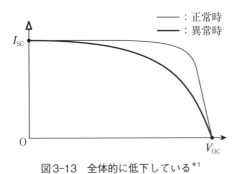

図3-13　全体的に低下している[*1]

（3）そのほかの特性

① $P\text{-}V$特性

$P\text{-}V$特性は太陽電池の動作電圧とそのときの出力の関係を表した曲線で、$I\text{-}V$特性からグラフを描くことができます。出力Pと動作電圧V、動作電流Iの関係は、

$$P = VI$$

ですから、$V\text{-}I$特性の各曲線上のVとIを乗じてPを求めて、VとPの値をプロットすることで図3-14のように$P\text{-}V$特性を得ることができます。

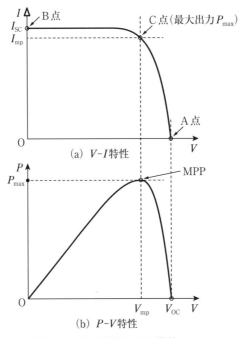

(a) $V\text{-}I$特性

(b) $P\text{-}V$特性

図3-14　$V\text{-}I$特性と$P\text{-}V$特性

P-V特性の形状から、次式によりFF（フィルファクター）を求めることができます。

$$\mathrm{FF} = \frac{V_{\mathrm{mp}} I_{\mathrm{mp}}}{V_{\mathrm{OC}} I_{\mathrm{SC}}} = \frac{P_{\max}}{V_{\mathrm{OC}} I_{\mathrm{SC}}}$$

FFが高いほど、P-V特性の形状が理想的であり、太陽電池の効率がよいことを示しています。

また、太陽電池の動作点を常に最適な状態に保ち、図3-14（b）のP-V特性における最大電力点MPP（Maximum Power Point）で、最大電力を取り出す制御を最大電力追従制御運転（MPPT）といい、PCSで処理されています。

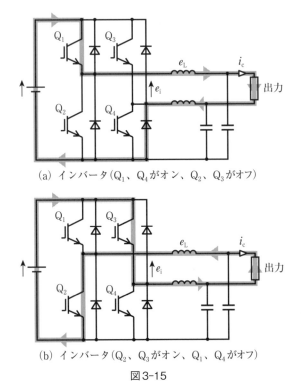

3.2 パワーコンディショナ(PCS)

パワーコンディショナ(PCS)は主に太陽電池で発電した直流電力を交流電力に変換する装置(インバータ)で、次のような機能があります。

- インバータ制御機能
- 最大電力追従制御運転(MPPT)
- 電圧調整機能
- 系統保護機能
- 単独運転防止
- 太陽光発電設備保護機能

① **インバータ制御**

インバータ回路とは、IGBTなどのスイッチング素子をオン・オフさせて直流を交流に変換させる回路のことです。例えば、インバータ回路の図3-15(a)では、IGBT Q_1、Q_4 をオン、IGBT Q_2、Q_3 をオフさせることで出力部には上から下の方向に電流が流れます。一方、図3-15(b)では、IGBT Q_2、Q_3 をオン、IGBT Q_1、Q_4 をオフさせることで出力部には下から上の方向に電流が流れます。電圧源は直流ですから、直流から交流に変換されていることがわかります。

(a) インバータ(Q_1、Q_4 がオン、Q_2、Q_3 がオフ)

(b) インバータ(Q_2、Q_3 がオン、Q_1、Q_4 がオフ)

図3-15

PCSのインバータ制御方式には、通常、電流制御方式が採用されています。電流制御方式はインバータの出力電流を直接正弦波にして、電流位相を系統電圧の位相に一致させる方式です。図3-16の主変換素子(IGBT)によってスイッチングしたPWM(Pulse Width Modulation)電圧が、系統電圧に対して図3-17のベクトルとなるようにします。

　PCSのインバータ出力電流をリファレンス(指令値)と比較して図3-18のようなパルスパターンを制御回路で制御(正弦波PWM制御[※1])します。

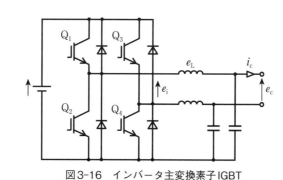

図3-16　インバータ主変換素子IGBT

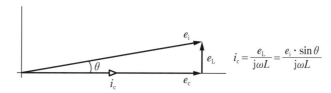

$$i_c = \frac{e_L}{j\omega L} = \frac{e_i \cdot \sin\theta}{j\omega L}$$

図3-17　PWM電圧と系統電圧のベクトル

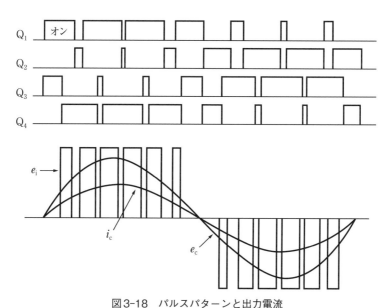

図3-18　パルスパターンと出力電流

※1　IGBTなどのスイッチングデバイスをオン・オフすることで、正弦波をはじめ任意の波形をつくることができる制御

図3-15の主変換素子（IGBT）は、Insulated GateBipolar Transistorの略称で、バイポーラトランジスタのゲートにMOSFETの機能を持った複合デバイスで、スイッチの役割を担います。IGBTはゲート（G）とエミッタ（E）間に電圧を印加すると、コレクタ（C）とエミッタ間が導通し、オンになります。電圧が印加されなければ、コレクター-エミッタ間が絶縁されてオフになります。

② 最大電力追従制御運転（MPPT）

最大電力点MPPは、太陽光の放射照度や温度などの環境要因により連続的に変動します。MPPTは太陽電池モジュールからの電圧と電流をリアルタイムで測定し、モジュールのMPPを動的に追従します。MPPに応じてインバータにより電圧と電流を調整し、その時点で可能な最大電力を取り出すことができます。

③ 電圧調整機能（電圧上昇抑制制御）

太陽光発電設備を電力系統へ連系し、逆潮流（太陽光発電設備から電力系統へ有効電力を供給）すると、太陽光発電設備付近の系統電圧が上昇する場合があります。大まかにいえば、図3-19の回路で太陽光発電設備側から系統へ向かって電流Iが流れると、線路のインピーダンスZにより電圧降下ZIが発生し、系統側の電位より太陽光発電設備側の電位が高くなるからです。その防止策としてPCSには電圧調整機能が備わっています。

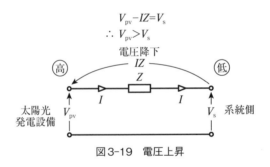

$$V_{pv} - IZ = V_s$$
$$\therefore V_{pv} > V_s$$

図3-19　電圧上昇

- **進相無効電力制御**

PCSが進相無効電力を系統へ供給することで、系統の電圧上昇を抑制します。系統の電圧上昇で有名なのはフェランチ現象ではないでしょうか。系統の容量性負荷や対地静電容量などが多いと、送電端よりも受電端の電圧が高くなるフェランチ現象が生じます。これは容量性負荷などが進相無効電力を消費してしまう（正確には受け取る）ため、系統の進相無効電力が不足してしまい電圧上昇が発生します。PCSは進相無効電力を系統へ供給することで、不足している進相無効電力を補い、電圧上昇を抑制することができるのです。

- **電流抑制制御**

逆潮流する有効電力（電流）を小さくすれば、前述の電圧降下も小さくなるため、電圧上昇を抑制することができます。

図3-20に電圧上昇抑制制御フローチャート例を示します。例えば、この場合は連系中にPCSの交流出力点における交流電圧が210 V以上になったときに無効電力制御を行って配電線への潮流による電圧上昇を抑えるように働きます。さらに、交流電圧が214 Vになっ

たときには有効電力出力を制限し、電圧上昇を抑制します。

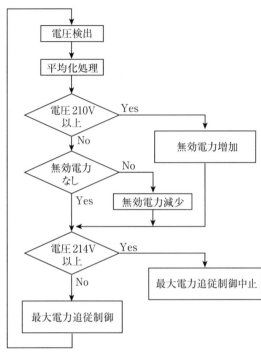

図3-20　電圧上昇抑制制御フローチャート例

④ 系統保護機能

　太陽光発電設備が系統連系されている場合、太陽光発電設備の異常・故障により系統へ悪影響を及ぼすおそれがあります。そうならないように、異常が検出されたら迅速に解列（太陽光発電設備を系統から電気的に切り離すこと）する必要があり、異常検出には次のような保護継電器が設置されます。

・過電圧継電器（OVR）

　太陽光発電設備の発電電圧が異常に上昇した場合、これを検出して時限をもって解列します。

・不足電圧継電器（UVR）

　発電設備の発電電圧が異常に低下した場合、これを検出して時限をもって解列します。

　一方、電力系統側で事故が生じた場合にも、太陽光発電設備は迅速に解列されなければなりません。系統側の事故等の検出には次のような保護継電器が設置されます。

・地絡過電圧継電器（OVGR）

　系統側の地絡事故を検出します。系統事故時、発電設備設置者側から流出する地絡電流は小さく、地絡過電流継電器（OCGR）は不動作となる場合があるため、OVGRにより地絡電圧を検出して遮断します。ただし、OVGRは他系統との区分が困難なため、時限をもたせて変電所のOVGRと協調を図ります。

　配電線に地絡事故が発生した場合、電力会社の配電用変電所の遮断器を先に動作させ、

そのあとに太陽光発電設備の遮断器（PCSの停止を含む）を動作させるようにOVGRを整定します。

このため図3-21のような時限協調を図る必要がありますが、電力会社のOVGRの感度よりも太陽電池発電所の感度を若干低くする必要があります。このようにすると、図3-22のように他の系統の配電線に地絡事故が発生した場合でも、太陽電池発電所のOVGRは動作しないようにすることができます。

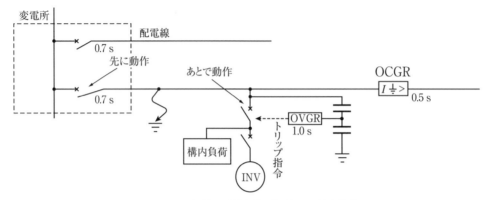

図3-21　配電線に地絡事故が発生した場合（例）

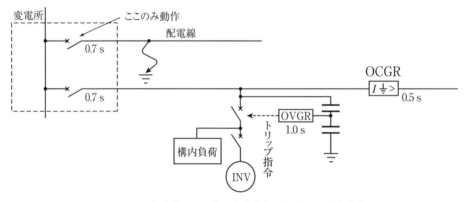

図3-22　他系統の配電線に地絡事故が発生した場合（例）

・不足電圧継電器（系統側用）

系統側の短絡事故を検出します。配電線に短絡事故が発生した場合、PCSの過電流保護機能、もしくは過電流制限機能の瞬時動作により、流出する短絡電流は制限されますが遮断はされないため、解列箇所の不足電圧継電器（UVR）が電圧低下を検出して遮断します。ただし、他系統事故との区分が困難なため、系統側変電所の保護継電器と時限協調を図ります。また、配電線に短絡事故が発生した場合、太陽光発電設備からの短絡電流供給は定格電流の1.1～1.5倍であり、図3-23の短絡点での短絡容量の増加は0.9 MV・A（＝0.6［MV・A］×1.5）以下です。

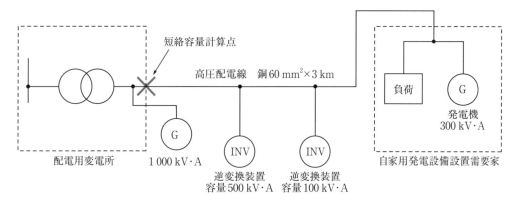

図3-23　配電線の短絡点(例)

⑤ 単独運転防止機能

「電気設備の技術基準の解釈」で、単独運転とは次のように定義されています。

> 分散型電源を連系している電力系統が事故等によって系統電源と切り離された状態において、当該分散型電源が発電を継続し、線路負荷に有効電力を供給している状態

大まかにいえば、単独運転とは、事故などによって停電等が発生している状態のときに、系統連系している太陽光発電設備が系統を介してほかの需要家や負荷に電力を勝手に供給してしまっている状態のことです。これは安全面や電気的な影響などを考慮し、禁止されています。したがって、太陽光発電設備には単独運転防止機能が必要となります。

単独運転を確実に防止するには、逆潮流のある連系では周波数上昇継電器(OFR)および周波数低下継電器(UFR)を設置するとともに、単独運転検出機能を持つ装置を設けて、逆潮流のない連系では逆電力継電器(RPR)およびUFRを設置します。

周波数の変化を監視する保護継電器を設置する理由は、電力会社の配電用変電所の遮断器が開放された場合、商用電源から切り離された部分で発電出力と負荷の平衡状態が大きく崩れ、電圧や周波数が変動するからです。太陽光発電設備の出力電力が負荷消費電力より大きい場合は電圧が上がり周波数が上がります。逆に、太陽光発電設備の出力電力が負荷消費電力よりも小さい場合は電圧が下がり、周波数が下がります。

そこで、周波数の変化をOVRやUVR、OFR、UFRで検出して連系を遮断します。しかし、発電出力と負荷が平衡している場合には電圧や周波数の変動が小さく、これらのリレーでは検出が困難になります。このため、発電設備故障対策用のOVR、UVRに加えて、単独運転防止対策用にOFR、UFRを設置するとともに、転送遮断装置や単独運転検出機能(能動方式を1方式以上含む)を持つ装置を設置します。

なお、単独運転検出機能には、受動方式として電圧位相跳躍検出方式、能動方式として無効電力変動方式を採用するケースがあります。

電圧位相跳躍検出方式とは、図13-24のように通常力率1で運転しているPCSが単独運転になると、無効電力を供給しなければならないため電圧位相が急変するため、このときの位相の変化を検出する方式です。

一方、無効電力変動方式とは、図3-25のようにPCSの出力に周期的な無効電力の変動を加えて、単独運転のときに現れる周波数変動を検出する方式です。

　再閉路時に分散型電源が配電線に電力を供給していると事故を引き起こすため、変電所の引出口に線路無電圧確認装置を設置することが原則となっていますが、2方式以上の単独運転検出装置（能動方式を1方式以上含む）を設置し、遮断器としてはPCS内の遮断器（52R）とゲートブロックが採用されています。参考までに、系統連系時の解列シーケンス図（例）を図3-26に示します。

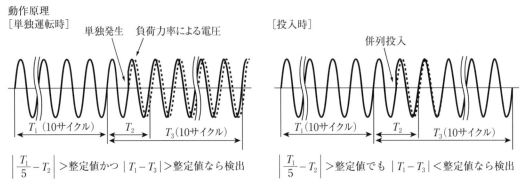

動作原理
［単独運転時］　単独発生　負荷力率による電圧

$\left|\dfrac{T_1}{5} - T_2\right| >$ 整定値かつ $|T_1 - T_3| >$ 整定値なら検出

［投入時］　併列投入

$\left|\dfrac{T_1}{5} - T_2\right| >$ 整定値でも $|T_1 - T_3| <$ 整定値なら検出

図3-24　電圧位相跳躍検出方式

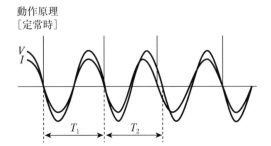

動作原理
［定常時］

V
I

電流位相が力率0.95程度まで滑らかに進みます（系統からは遅れ）。系統電圧の周波数は変化しません（$T_1 = T_2$）

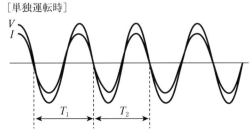

［単独運転時］

V
I

電流に合わせて系統電圧の周波数が変化します（$T_1 < T_2$）。一定以上の変化が作用に応じて2回連続して起これば単独運転と判断します

負荷投入などによって周波数が一瞬変化しても作用した瞬間のみ Δf を検出し、さらに0.5秒後に再確認するため（2回連続の）誤作動はほとんどありません

図3-25　無効電力変動方式

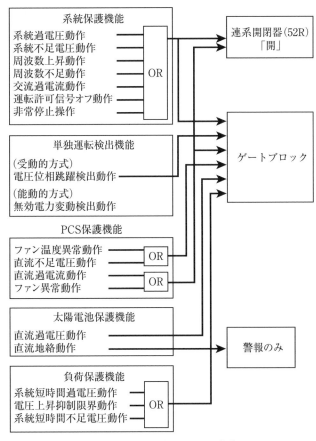

図3-26　系統連系時の解列シーケンス（例）

⑥ 太陽光発電設備保護機能

モジュールやPCSの保護機能には次のようなものがあります。

• 交流出力電流の直流分制御

PCSは直流を交流電力に変換して電力を供給しますが、不具合により直流電流が出力に含まれる場合があります。直流成分の値がしきい値を超えるとPCSは停止するようになっています。

• 直流地絡検出機能

太陽光発電設備における直流地絡事故は感電や火災に至る場合があるため、地絡遮断装置や直流電路用絶縁監視装置や残留（地絡）電流監視モニタなどによる絶縁不良などを監視・検出・警報などによる発報で保護するよう JIS C 62548 で求められています。また同規格では、「電力変換装置内部に絶縁抵抗の監視または測定を行う機能を設けてもよい」とし、検出の最小しきい値を表3-3のように定めています。

同様に、「表3-4に規定する残留電流の急増を検出した場合、電力変換装置は、時間内にすべての接地回路（例：系統）から遮断し、障害を表示しなければならない」としています。

表3-3 接地絶縁不良検出のための絶縁抵抗の最小しきい値

PVアレイ定格[kW]	R の限界値[kΩ]
20まで	30
20を超え30まで	20
30を超え50まで	15
50を超え100まで	10
100を超え200まで	7
200を超え400まで	4
400を超え500まで	2
500超	1

表3-4 残留電流急変に対する応答時間

残留電流の急増[mA]	接地回路から遮断するまでの時間[秒]
30	0.3
60	0.15
90	0.04

3.3 雷害対策

　太陽光発電設備は屋外にあるため、雷害対策は必須です。雷害には直撃雷による被害と誘導雷による被害があります（図3-27）。

　直撃雷は、文字どおり直接雷が落ちて太陽光発電設備を損傷させるケースです。基本的に直撃雷を完全に防ぐことはできません。直撃雷の対策は、避雷針（受雷部）を建てることです。避雷針に直撃雷が落ちることで太陽光発電設備に落雷するのを防ぎます。どの位置にどのくらいの高さの避雷針が必要になるか、「回転球体法」などを用いることで算出することができます（図3-28）。この際、避雷針などの影が太陽電池モジュールに影響を及ぼさないように注意しましょう。

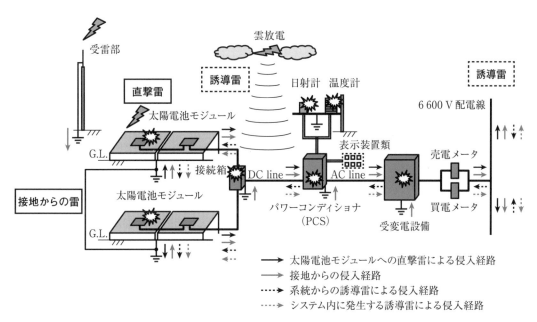

図3-27　太陽光発電設備の雷侵入経路（例）[2]

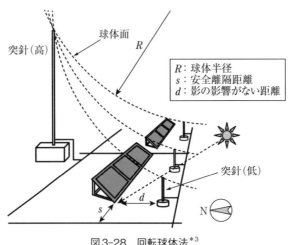

図3-28　回転球体法[*3]

　一方、誘導雷は、太陽光発電設備の近傍に落雷などがあった場合、静電誘導により雷サージが太陽光発電設備に伝播して影響を及ぼします。誘導雷の対策にはサージ防護デバイス（SPD）の設置や等電位ボンディングが有効です（図3-29、30）。

　SPDとは避雷器のことで、雷サージが侵入するおそれのある経路に設置して接地を施します。通常は電路に影響を及ぼさないように高インピーダンス状態になっていますが、雷サージの侵入を検出すると急激にインピーダンスが低くなり、接地が施されている経路から雷サージを大地へ放出し、機器や設備を保護します。

　等電位ボンディングとは、設備の接地をすべてつなぎ合わせて共通接地または連接接地とすることです。それにより、雷電流が大地に放電される際に発生する電位上昇を最小限に抑えることができます。具体的には、設備や機器間での電位差を減少させることにより、電位差に起因する損傷や異常な動作を防ぐことが可能になります。

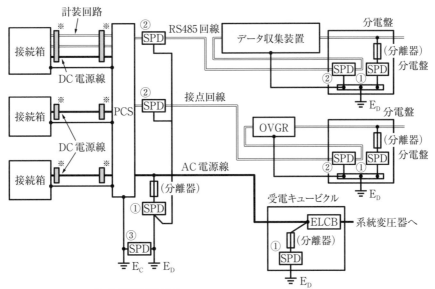

① 低圧電源用 SPD
② 通信／信号用 SPD
③ 接地間用 SPD
※ 設備間が隔離されている場合は SPD の接地が必要である

図3-29　太陽光発電設備の雷害対策(例)[*2]

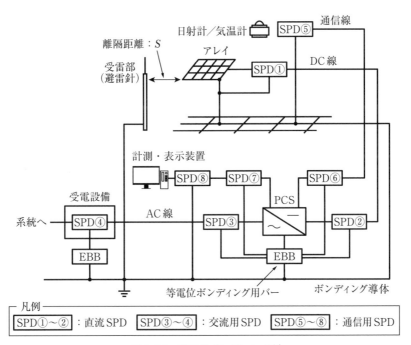

図3-30　等電位ボンディング[*4]

ここでは、高圧配電線路に内燃力発電設備（625 kV・A）と太陽光発電設備（20 kV・A）が連系している電気設備を例に、「系統連系用保護継電器の整定の基本的な考え方」と「系統連系用保護継電器の整定例」について解説します。

（1）設備の概要

① 需要設備

高圧配電線路から受電している変圧器総容量が5 000 kV・Aで契約電力800 kWの需要設備です（図3-31）。常時、変電所母線連絡用遮断器（CB-B）は切れていますが、配電用変圧器（Tr_2）を点検などで運転停止する場合はCB₃、CB₄を切りCB-Bを投入します。これにより配電線CがTr₁に接続され、需要設備Aの短絡容量が変化します。高圧配電線路から受電している受電設備（写真3-1）に系統連系用保護継電器が設置されています。

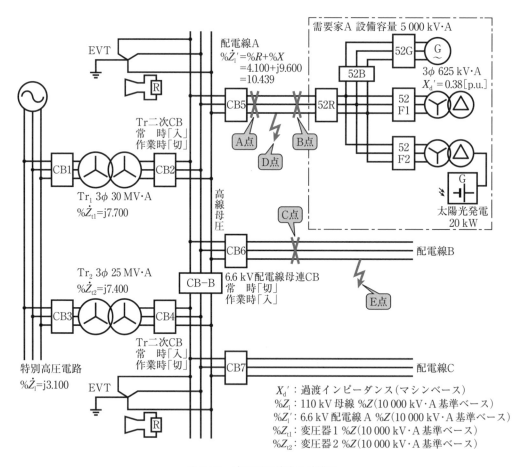

図3-31　高圧配電線路の系統図

写真3-1　高圧配電線路から受電している受電設備

② 内燃力発電所

　高圧配電線路に系統連系している内燃力発電設備(写真3-2)の概要は表3-5のとおりです。

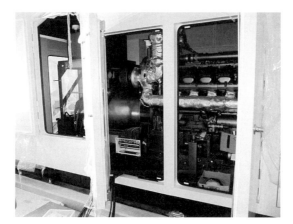

写真3-2　内燃力発電設備(625 kV・A)

表3-5　内燃力発電設備の概要

種類(同期・誘導)			同期
定格容量			625 kV・A
定格電圧			6 600 V
定格出力(発電端)			500 kW
発電方式			ディーゼルエンジン
燃　　料			A重油
定数	同期発電機	過渡リアクタンス X_d'	0.38 p.u.
		初期過渡リアクタンス X_d''	0.25 p.u.
		同期リアクタンス X_d	3.6 p.u.

（注）1．リアクタンス値は、新設発電機については，統計値または試験値とする。
　　　2．発電機定数値は、自己容量ベースとする。
　　　3．発電場所内送電線等のインピーダンスは，10 MV・Aベースとする。

③ 太陽光発電所

高圧配電線路に系統連系している太陽光発電設備（写真3-3）の概要は表3-6のとおりです。

写真3-3　太陽光発電設備

表3-6　太陽光発電設備の概要

発　電　設　備	容量	15.5 kW（152 W×102枚）
逆変換装置	定格出力	20 kW（10 kW×2台）
	定格電圧	200 V
	認証番号（JET認定品の場合）	なし
単独運転検出	受動式	電圧位相跳躍検出
	能動式	無効電力変動

（2）系統連系用保護継電器整定の基本的な考え方

① 内燃力発電所

・地絡保護（図3-31のD点、E点は除く）

地絡過電圧継電器（OVGR）を設置します。配電線系統の事故時、発電設備設置者側から流出する地絡電流は小さく、地絡過電流継電器（OCGR）は不動作となる場合があるため、OVGRにより地絡電圧を検出し遮断器を遮断します。ただし、OVGRは他系統との区分が困難なため、時限をもたせて配電用変電所のOVGRと協調を図ります。

・短絡保護（図3-31のA点からB点の間。C点は除く）

同期発電機を系統連系するため短絡方向継電器（DSR）を設置します。配電線系統短絡事故時に、発電設備側から配電線系統へ短絡電流が流出しますが、同期発電機の短絡電流が比較的小さいと、OCRの整定感度では検出できない場合があります。逆にOCRの感度を高くすると、負荷電流などにより誤動作の原因となることから、DSRの設置により対応し

ます。ただし、他配電線系統事故との区分が困難なため、配電線系統側発電所の保護継電器との時限協調を図ります。

なお、DSRの設置については、次の点に留意する必要があります。

　ａ．至近端短絡事故でDSRの電圧要素がなくなる場合にも、短絡の方向判別ができるよう、DSRに電圧メモリ機能をもたせます。

　ｂ．力率改善用コンデンサによる進み電流などにより、高感度整定のDSRは不要動作するおそれがあります。

　ｃ．同一構内に同期発電機を複数台設置する場合の整定値は、保護信頼度確保の観点から、最小運転台数の場合を想定した電流値の整定とします。

・単独運転防止

　逆潮流がない連系なため、単独運転状態において発電設備設置者側から配電線系統へ流出する電力を検出する逆電力継電器(RPR)を設置するとともに、「発電設備の出力＜構内の負荷」の状態により周波数が低下するため、これを検出する周波数低下継電器(UFR)を設置することで単独運転を防止します。

　ａ．RPR

　単独運転状態では、発電設備設置者側から系統へ電力が流出するため、これを検出して時限をもって遮断します。

　ｂ．UFR

　逆潮流がない場合には、「発電設備の出力＜構内の負荷」となり、系統が停止すると周波数が低下することになるため、これを検出して遮断するために設置します。

② 太陽光発電所

・地絡保護

　逆変換装置を用いた太陽光発電設備であり、構内低圧線に連系し、出力容量(20 kW)が受電容量(800 kW)に比べて極めて小さいため、配電線地絡保護装置が省略できます(ただし、上記により設置済み)。

・短絡保護

　逆変換装置を用いるため、連系された系統の短絡事故を検出して解列することのできる不足電圧継電器(UVR)を設置します。

・単独運転防止

　単独運転防止装置(受動的方式＋能動的方式)を採用します。「単独運転移行時に発電出力と負荷の不平衡による電圧位相の急変を検出する電圧位相跳躍検出方式」(受動的方式)と「発電出力に周期的な有効電力変動を与えておき、単独運転移行時に現れる周期的な周波数変動などを検出する無効電力方式」(能動的方式)を採用します。

【系統連系用保護継電器の整定例】

（1）内燃力発電所

・地絡保護

　電力会社の地絡方向継電器(67)と地絡過電圧継電器(64)の設定は図3-32のようになっています。配電線のどこのフィーダに地絡事故が発生しても、系統連系保護継電器用デジタル複合リレー（写真3-4）の地絡過電圧継電器(64)は動作するため、図3-33のように設定します。系統連系保護継電器用デジタル複合リレーのブロック図と配線図は図3-34と図3-35のとおりです。

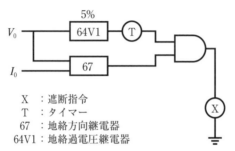

　　　　X　：遮断指令
　　　　T　：タイマー
　　　　67　：地絡方向継電器
　　　　64V1：地絡過電圧継電器

図3-32　電力会社の地絡方向継電器と地絡過電圧継電器

写真3-4　系統連系用保護継電器用デジタル複合リレー

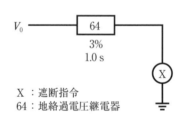

　　　X　：遮断指令
　　　64：地絡過電圧継電器

図3-33　自家用電気工作物の地絡過電圧継電器

80

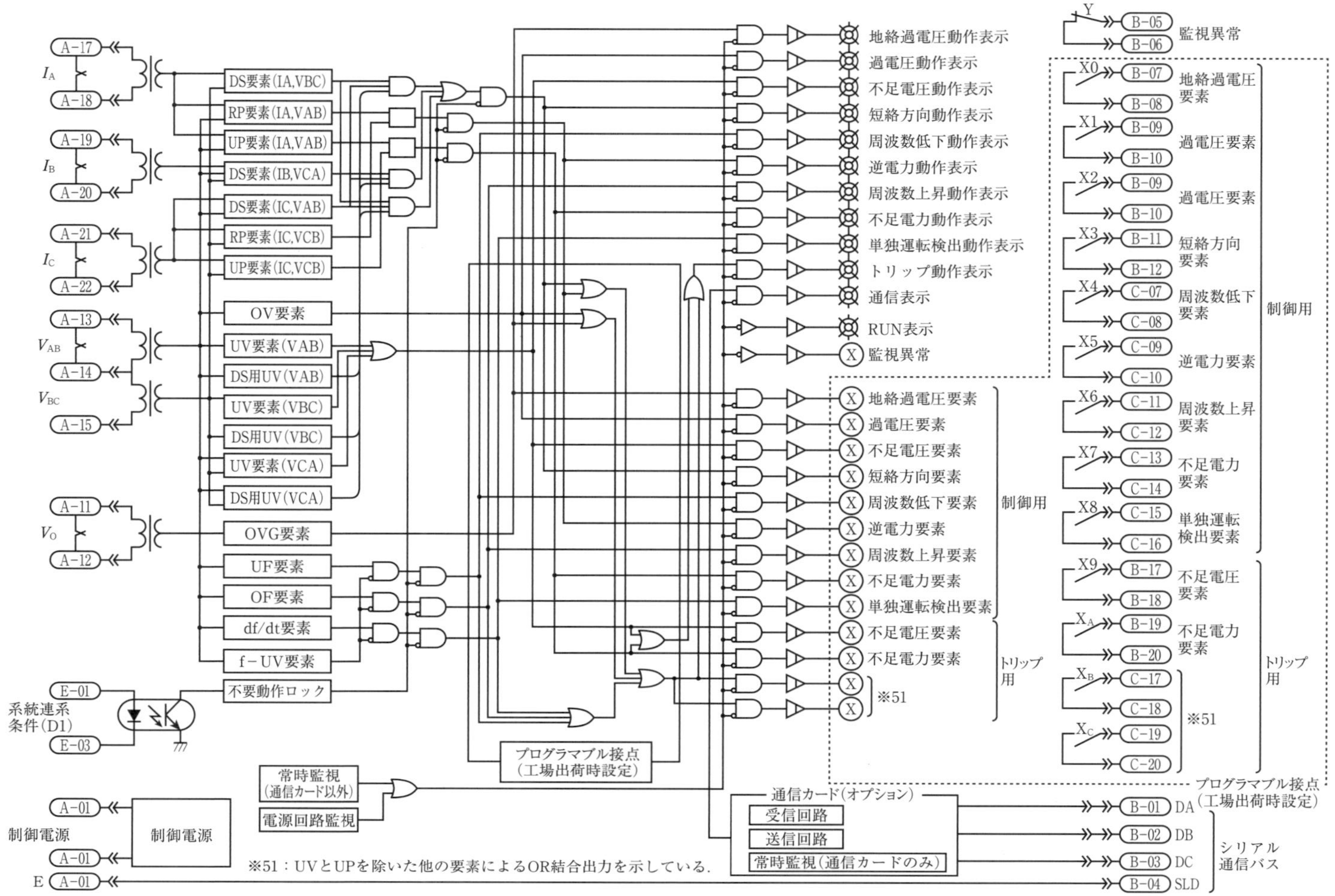

図3-34　系統連系保護継電器用デジタル複合リレーのブロック図

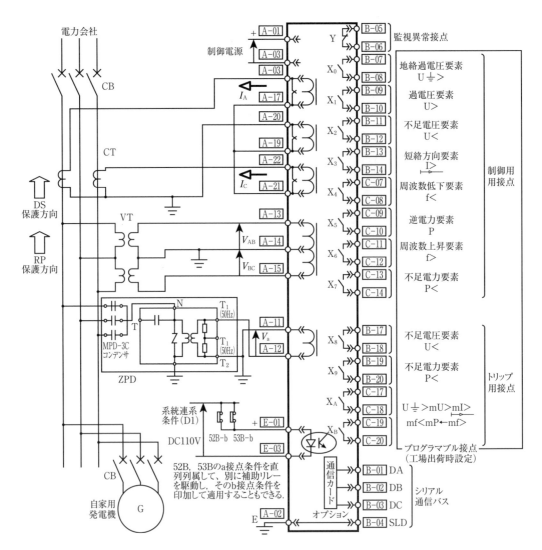

図3-35　系統連系保護継電器用デジタル複合リレーの配線図

- **短絡保護**

　配電線で二相短絡事故が発生した場合、発電機から流出する電流I_sと、変成器（VT）を設置している場所の電圧V_sを求めると次のようになります。

【過渡リアクタンス$X_\mathrm{d}'=0.38\,[\mathrm{p.u.}]$を採用した場合。DSRのH要素整定のため】

受電端短絡現象

　短絡電流$\dot{I}_\mathrm{s}$は、

$$\dot{I}_\mathrm{s}=\frac{\dot{I}_\mathrm{n}}{\%\dot{Z}}\times100\times\frac{\sqrt{3}}{2}$$

$$|\dot{I}_\mathrm{s}|=\frac{\dfrac{1\,000\,[\mathrm{kV\cdot A}]}{\sqrt{3}\times6.6\,[\mathrm{kV}]}}{X_\mathrm{d}'\times\dfrac{1\,000\,[\mathrm{kV\cdot A}]}{625\,[\mathrm{kV\cdot A}]}}\times100\times\frac{\sqrt{3}}{2}$$

$$=\frac{874.77}{0.38\times100\times16}\times86.6$$

$$\fallingdotseq124.597\,[\mathrm{A}]$$

　受電端電圧$V_\mathrm{s}=0$

送電端短絡現象

　短絡電流$\dot{I}_\mathrm{s}$は、

$$\dot{I}_\mathrm{s}=\frac{\dot{I}_\mathrm{n}}{\%\dot{Z}_\mathrm{l}'+\dot{X}_\mathrm{d}'}\times100\times\frac{\sqrt{3}}{2}$$

$$=\frac{\dfrac{1\,000\,[\mathrm{kV\cdot A}]}{\sqrt{3}\times6.6\,[\mathrm{kV}]}}{\%\dot{Z}_\mathrm{l}'+\dot{X}_\mathrm{d}'\times\dfrac{1\,000\,[\mathrm{kV\cdot A}]}{625\,[\mathrm{kV\cdot A}]}}\times100\times\frac{\sqrt{3}}{2}$$

$$\fallingdotseq\frac{874.77}{4.100+\mathrm{j}9.600+\mathrm{j}608}\times86.6$$

$$|\dot{I}_\mathrm{s}|\fallingdotseq122.66\,[\mathrm{A}]$$

　受電端電圧V_sは、配電線路電圧$V=6\,600\,[\mathrm{V}]$とすると、

$$V_\mathrm{s}=V\times\frac{\%Z_\mathrm{l}'}{\%\dot{Z}_\mathrm{l}'+\dot{X}_\mathrm{d}'}$$

$$=6\,600\times\frac{10.439}{4.100+\mathrm{j}9.600+\mathrm{j}608}$$

$$=6\,600\times\frac{10.439}{4.100+\mathrm{j}617.6}$$

$$|\dot{V}_\mathrm{s}|\fallingdotseq6\,600\times\frac{10.439}{617.61}$$

$$\fallingdotseq111.55\,[\mathrm{V}]$$

【同期リアクタンス X_d＝3.6［p.u.］を採用した場合。DSRのL要素整定のため】

受電端短絡現象

　短絡電流 $\dot{I}_s$ は、

$$\dot{I}_s = \frac{\dot{I}_n}{\%\dot{Z}} \times 100 \times \frac{\sqrt{3}}{2}$$

$$|\dot{I}_s| = \frac{\dfrac{1\,000\,[\text{kV}\cdot\text{A}]}{\sqrt{3}\times 6.6\,[\text{kV}]}}{X_d \times \dfrac{1\,000\,[\text{kV}\cdot\text{A}]}{625\,[\text{kV}\cdot\text{A}]}} \times 100 \times \frac{\sqrt{3}}{2}$$

$$= \frac{874.77}{3.60 \times 100 \times 16} \times 86.6$$

$$\fallingdotseq 13.152\,[\text{A}]$$

　受電端電圧 $V_s = 0$

送電端短絡現象

　短絡電流 $\dot{I}_s$ は、

$$\dot{I}_s = \frac{\dot{I}_n}{\%\dot{Z}_l' + \dot{X}_d} \times 100 \times \frac{\sqrt{3}}{2}$$

$$= \frac{\dfrac{1\,000\,[\text{kV}\cdot\text{A}]}{\sqrt{3}\times 6.6\,[\text{kV}]}}{\%\dot{Z}_l' + \dot{X}_d' \times \dfrac{1\,000\,[\text{kV}\cdot\text{A}]}{625\,[\text{kV}\cdot\text{A}]}} \times 100 \times \frac{\sqrt{3}}{2}$$

$$\fallingdotseq \frac{874.77}{4.100 + \text{j}9.600 + \text{j}5\,760} \times 86.6$$

$$= \frac{874.77}{4.100 + \text{j}5\,769.6} \times 86.6$$

$$|\dot{I}_s| \fallingdotseq 13.13\,[\text{A}]$$

　受電端電圧 V_s は、配電線路電圧 $V = 6\,600\,[\text{V}]$ とすると、

$$V_s = V \times \frac{\%\dot{Z}_l'}{\%\dot{Z}_l' + \dot{X}_d}$$

$$= 6\,600 \times \frac{10.439}{4.100 + \text{j}9.600 + \text{j}5\,760}$$

$$= 6\,600 \times \frac{10.439}{4.100 + \text{j}5\,769.6}$$

$$|\dot{V}_s| \fallingdotseq 6\,600 \times \frac{10.439}{5\,769.6}$$

$$\fallingdotseq 11.941\,[\text{V}]$$

　よって、短絡方向継電器（DSR）の整定は、

　　H要素：電流2.0 A以下、電圧1.8 V以上

　　　　　動作時間0.3 s以下

L要素：電流0.21 A以下、電圧0.20 V以上

　　　　動作時間0.8 s以下

となります（CT比300：5、VT比6 600：110）。

- **単独運転防止**

　単独運転防止および発電機異常のための保護継電器の検出レベル、時限設定については表3-7のとおりで、本系統連系保護用デジタル複合リレーの設定は表3-8のようになります。

表3-7　保護継電器の検出レベル、時限

保護継電器の種別	整定範囲例	
	検出レベル	検出時間
1．過電圧継電器（OVR）	110～120%	0.5～2秒
2．不足電圧継電器（UVR）	80～90%	0.5～2秒
3．周波数上昇継電器（OFR）	50.5～51.5 Hz/60.6～61.8 Hz	0.5～2秒
4．周波数低下継電器（UFR）	48.5～49.5 Hz/58.2～59.4 Hz	0.5～2秒
5．逆電力継電器（RPR）	発電設備の定格出力の5～10%	0.5～2秒程度(注)
6．不足電力継電器（UPR）	最大受電電力の3～10%程度	0.5～2秒程度(注)

（注）RPRやUPRの検出時限については、連系する系統の一段上位の系統の再閉路時間を考慮して、0.5秒から2秒程度以下での運用が行われているが、一段上位の再閉路時間に余裕があり、かつ他の保護継電器（UFR、UPRなど）の整定を変更することで、RPRやUPRと同等の検出感度が確保できる場合には、検出時限を一段上位の再閉路時間内に発電設備を解列できる時限まで延長できるケースがある。

表3-8　本系統連系保護用デジタル複合リレーの設定

保護継電器		デバイスNo.	検出相数	整定値		遮断する機器
区 分 開 閉 器	DGR			I_0 V_0 動作時間	0.2 A 2 % 0.2 s	UGS
過 電 流 継 電 器	OCR	51R	二相	瞬時 ダイヤル 瞬時	4.5 A 0.5 35 A	52R
地 絡 方 向 継 電 器	DGR	67R	零相	I_0 V_0 動作時間	0.2 A 2.5 % 0.2 s	52R
地絡過電圧継電器	OVGR	64R	零相	零相電圧 動作時間	3 % 1 s	52G
過 電 圧 継 電 器	OVR	59R	一相	過電圧 動作時間	132 V 2 s	52G
不 足 電 圧 継 電 器	UVR	27R	三相	不足電圧 動作時間	88 V 2 s	52R 52G
方 向 短 絡 継 電 器	DSR	67SR	三相	L要素電流 L要素時間 H要素電流 H要素時間 不足電圧	3 % 0.8 s 30 % 0.3 s 80 V	52G
逆 電 力 継 電 器	RPR	67PR	三相	逆電力 動作時間	1.0 % 2 s	52G
不足周波数継電器	UFR	95LR	一相	不足周波数 動作時間	59 Hz 2 s	52G
過 周 波 数 継 電 器	OFR	95 HR	一相	過周波数 動作時間	61 Hz 2 s	52G
不 足 電 力 継 電 器	UPR	91LR	三相	不足電力 動作時間	3.0 % 2 s	52B

（2）太陽光発電所

　太陽光発電所の系統連系保護用継電器（パワーコンディショナ内蔵）の設定は表3-9のようになります。

表3-9　系統連系保護用継電器（パワーコンディショナ内蔵）の設定

発電設備	種類	太陽光	容量	15.5 kW（152 W×102枚）
逆変換装置	定格出力	20 kW（10 kW×2台）	定格電圧	200 V
	認証番号（JET認証品の場合）		なし	

保護継電器等			整定値	電力会社連絡事項
OVGR		検出レベル	［％］	技術要件を満たすことで省略することが可能
		時限	［秒］	
OVR		検出レベル	225 V	
		時限	1秒	
UVR		検出レベル	160 V	
		時限	1秒	
OFR		検出レベル	61 V	
		時限	1秒	
UFR		検出レベル	59秒	
		時限	1秒	
RPR		検出レベル	［％］	技術要件を満たすことで省略することが可能
		時限	［秒］	
単独運転検出	受動式 電圧位相跳躍検出[※1]	検出基準	±8度[※2]	
		時限 検出	0.5秒	
		時限 保持	5秒	
	能動式 無効電力変動[※1]	変動幅	5％[※2]	
		解列時間	1秒	
復電後再投入阻止機能		時限	300秒	
自動電圧調整装置		発電端出力電圧	225 V	電気主任技術者判断事項

※1：方式を記載（例）周波数シフト　　　※2：方式に応じた整定値を記載（例）±0.1 Hz

【発電設備の運転制御】

　本設備の負荷設備は競技場の照明が800 kWあり、競技中にだけ多くの電力を使用することになっています。しかし、競技は限られたときにしか開催されないため、ピークカットとして625 kV・Aの内燃力発電設備を配電線に系統連系して運転することとしています。発電設備起動電力、発電設備停止電力、発電一定制御値、受電一定制御値は次のとおりです。

　　発電設備起動電力：720 kW

　　発電設備停止電力：630 kW

　　発電一定制御値　：500 kW

　　受電一定制御値　：510 kW

　発電設備が配電線などに系統連系されている場合は、配電線での地絡事故、短絡事故、停電などが発生した場合、適切に配電線と発電所を解列する必要があります。しかし、発

電所が連系しているフィーダ以外の電気事故で解列するとデマンドだけが上昇し、電気料金の基本料金が上昇することもあり、本系統連系保護用デジタル複合リレーなどの設定には、時間を要することがしばしばあります。本系統連系保護用デジタル複合リレーなどを設定する場合は、本項で解説したように系統側の保護リレーの設定状況、系統側インピーダンスマップ、同期発電機の過渡リアクタンスや同期リアクタンスなどから調査することが必要です。このような本系統連系保護用デジタル複合リレーなどには、「どのように運用するか」というメーカーの設計思想があるため、よく理解して保護継電器の設定をしてください。

また、線路無電圧確認装置の省略のために、系統連系用保護継電器を二重化しますが、これを省略するために不足電力継電器を設置します。不足電力継電器の整定を設定するときは、発電設備起動電力、発電設備停止電力、発電一定制御値、受電一定制御値を考慮する必要があります。系統連系用保護継電器とは直接関係ありませんが、電力会社が変電所で人工地絡試験を行う際には、64ロックスイッチ(写真3-5)をオンにしましょう。64ロックスイッチをオンにすることを忘れて発電所を解列させたトラブルもあります。

このように、系統連系している発電所はシステムが複雑で取り扱いも難しくリスクも高いため、このような設備を担当する電気主任技術者は、システムを十分理解することが重要です。

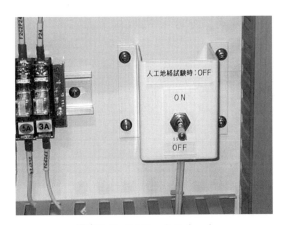

写真3-5　64ロックスイッチ

〈参考文献〉
＊1　太陽光発電システム保守点検ガイドライン　JEMA（一般社団法人 日本電機工業会）、JPEA（太陽光発電協会）
＊2　電気・電子機器の雷保護－ICT社会をささえる－（一般社団法人 電気設備学会）
＊3　電気設備学会誌2015年2月「再生可能エネルギー設備の雷保護」森井信行 著（一般社団法人 電気設備学会）
＊4　電気設備学会誌2017年6月「太陽光発電システムの雷保護と標準化動向」森井信行 著（一般社団法人 電気設備学会）

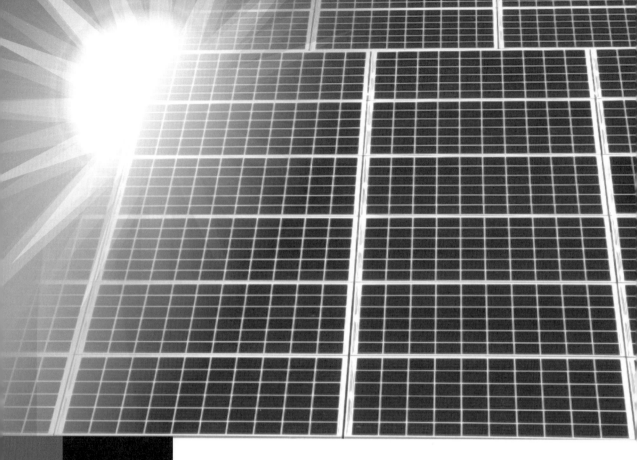

4章

太陽光発電所
保守点検ガイド

　東日本大震災に端を発した再生可能エネルギーの普及・拡大。特に、FITの導入により太陽光発電は右肩上がりで普及し、日本各地に続々と発電所が建設されました。発電する太陽電池モジュールに可動部分がないことから、普及当初は「メンテナンスフリー」といわれていた「太陽光発電」ですが、実際は自然現象・災害や経年劣化などによって、モジュールやフェンスが損壊し、パワーコンディショナ（PCS）などの電気設備が故障するなど、さまざまなトラブルが発生しており、今や保守点検やメンテナンスを行うことは必須です。

4.1 保守点検とは

（1）保守点検の必要性

　電気事業法上、出力10kW以上の太陽光発電設備は「事業用電気工作物」に分類され、そこから出力10kW以上50kW未満の「小規模事業用電気工作物」、出力50kW以上の「自家用電気工作物」と細分化されます（図4-1、2）。

　事業用電気工作物の設置者には、経済産業省令に定める技術基準に適合するように電気工作物を維持する義務（電気事業法（法）第39条）が生じます。それに加えて、小規模事業用電気工作物の設置者には、

① 経済産業省令で定める基礎情報を設備の使用の開始前に届け出る義務（法第46条）。

② 使用の開始前に技術基準に適合することを自ら確認し、その結果を届け出る義務（法第51条の2）。

自家用電気工作物の設置者には、

① 電気工作物の工事、維持および運用に関する保安の監督をさせるために、電気主任技術者を選任して届け出る義務（法第43条）。

② 電気工作物の工事、維持および運用に関する保安を確保するため、保安規程を定めて届け出る義務（法第42条）。

出力等条件	保安規制						
	事前規制（安全な設備の設置を担保する措置）				事後規制（不適切事案等への対応措置）		
	技術基準の適合	技術基準維持義務	保安規程の届出／電気主任技術者の専任	自主検査／工事計画届出／使用前自己確認	報告徴収／事故報告	立入検査	
2 000 kW 以上							
2 000 kW 未満 500 kW 以上				使用前自己確認			
5 000 kW 未満 50 kW 以上				【範囲拡大】			
50 kW 未満 10 kW 以上（小規模事業用電気工作物【新設】）		【範囲拡大】	基礎情報／届出【新設】				
10 kW 未満（一般用電気工作物）					事故報告は、10kW未満については除く	居住の用に供されているものも含める	

図4-1　太陽光発電設備の保安規制の対応[1]

※1　出典：経済産業省の小規模発電設備等保安力向上総合支援事業ホームページ（https://shoushutsuryoku-saiene-hoan.go.jp/）

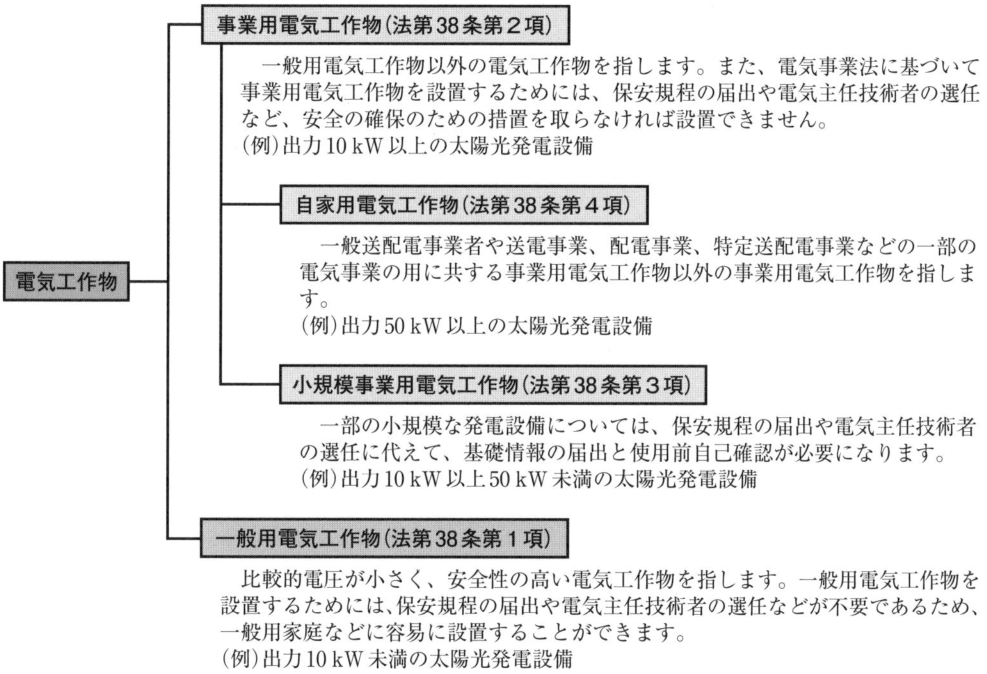

```
                    ┌─ 事業用電気工作物(法第38条第2項)
                    │   　一般用電気工作物以外の電気工作物を指します。また、電気事業法に基づいて
                    │   事業用電気工作物を設置するためには、保安規程の届出や電気主任技術者の選任
                    │   など、安全の確保のための措置を取らなければ設置できません。
                    │   (例)出力10kW以上の太陽光発電設備
                    │
                    │   ┌─ 自家用電気工作物(法第38条第4項)
                    │   │   　一般送配電事業者や送電事業、配電事業、特定送配電事業などの一部の
                    │   │   電気事業の用に共する事業用電気工作物以外の事業用電気工作物を指しま
                    │   │   す。
                    │   │   (例)出力50kW以上の太陽光発電設備
電気工作物 ─────────┤
                    │   ┌─ 小規模事業用電気工作物(法第38条第3項)
                    │   │   　一部の小規模な発電設備については、保安規程の届出や電気主任技術者
                    │   │   の選任に代えて、基礎情報の届出と使用前自己確認が必要になります。
                    │   │   (例)出力10kW以上50kW未満の太陽光発電設備
                    │
                    └─ 一般用電気工作物(法第38条第1項)
                        　比較的電圧が小さく、安全性の高い電気工作物を指します。一般用電気工作物を
                        設置するためには、保安規程の届出や電気主任技術者の選任などが不要であるため、
                        一般用家庭などに容易に設置することができます。
                        (例)出力10kW未満の太陽光発電設備
```

図4-2　電気工作物の区分[※2]

③ その太陽光発電設備が出力10kW以上2000kW未満の場合は、使用の開始前に技術基準に適合することを自ら確認し、その結果を届け出る義務(法第51条の2)。

④ その太陽光発電設備が出力2000kW以上の場合は、設置工事の30日前までに工事計画届出書を届け出る義務(法第48条)。

が発生します。

　したがって、法第39条に基づいて発電設備を経済産業省令で定める技術基準に適合するように維持するには、電気事業法の規定に基づいた保守点検を行う必要があります。万が一、これら義務に違反し、技術基準に適合していなかった場合は、法第40条の技術基準適合命令に則り、稼働の一時停止を命じられることもあります。

（2）点検の種類と頻度

・竣工検査（使用前自主検査／使用前自己確認）

　前述のとおり、太陽光発電設備が出力10kW以上2000未満の場合は「③ 使用の開始前に技術基準に適合することを自ら確認し、その結果を届け出る義務（法第51条の2）」が、出力2000kW以上の場合は「④ 設置工事の30日前までに工事計画届出書を届け出る義務（法第48条）」が、設置者に課されます。そのため、設置者は出力別に、

　　出力10kW以上2000kW未満：使用前自己確認

　　出力2000kW以上：使用前自主検査

※2　出典：経済産業省ホームページ(https://www.meti.go.jp/policy/safety_security/industrial_safety/sangyo/electric/detail/setsubi_hoan.html)

を実施し、その結果を主務大臣（電気工作物を管轄する産業保安監督部長）に届け出る必要があります。つまり、これら試験は、太陽光発電設備を稼働させるために必要な（国が定める）安全基準を満たしているか確認するものになります。ちなみに、「使用の開始」とは、送配電事業者や既存設備との連系時ではなく、正式に使用を開始（売電や自家消費の場合は、発電電力の使用開始）するときを指します。

　基本的に、これら試験を行うのは竣工時の1回ですが、既存の出力10 kW以上2 000 kW未満の太陽光発電所に変更や改造工事をした場合も、電気事業法施行規則の別表第7より、変更箇所のみ使用前自己確認が必要になるため注意してください（表4-1）。

表4-1　使用前自己確認が必要となる変更や改造工事

工事の種類	必要条件
設置工事	出力10 kW以上2 000 kW未満の発電設備の設置。ただし、5％以上の出力変更を伴うものに限る。
	出力10 kW以上2 000 kW未満の太陽電池の設置。
取替工事	支持物の工事を伴うもの。
	5％以上の出力変更を伴うもの。
改造工事	20％以上の電圧の変更を伴うもの。
	5％以上の出力変更を伴うもの。
	支持物の強度変更を伴うもの。
修理工事	支持物の強度に影響を及ぼすもの。

● 定期点検（月次点検／年次点検）

　出力50 kW以上の自家用電気工作物の場合、設置者に前述の「② 電気工作物の工事、維持および運用に関する保安を確保するため、保安規程を定めて届け出る義務（法第42条）」が課されています。保安規程に定める主な項目は以下のとおりです。なお、保安規程は、工事開始前に電気主任技術者と策定し、遅滞なく届け出る必要があります。

　1．電気工作物の工事、維持または運用に関する業務を管理する者の職務および組織に関すること。

　2．電気工作物の工事、維持または運用に従事する者に対する保安教育に関すること。

　3．電気工作物の工事、維持または運用に関する保安のための巡視、点検および検査に関すること。

　4．電気工作物の運転または操作に関すること。

　5．発電所の運転を相当期間停止する場合における保全の方法に関すること。

　6．災害その他非常の場合にとるべき措置に関すること。

　7．電気工作物の工事、維持および運用に関する保安についての記録に関すること。

　8．電気工作物の法定事業者検査に係る実施体制および記録の保存に関すること。

　9．その他電気工作物の工事、維持および運用に関する保安に関し必要な事項。

　保安規程を経済産業省産業保安監督部に届け出たら、以降は規程を遵守する必要があります。したがって、定期点検は届け出た保安規程に従い実施することになります。

定期点検には、電気設備を停止させずに行う「月次点検」と、電気設備を停止させた状態で1年に1回行う「年次点検」があります。電気主任技術者に外部委託した場合の点検頻度としては、太陽電池モジュールやPCSは年2回、専用の受変電設備は隔月〜6カ月に1回以上が義務付けられています（図4-3）。しかし、この点検頻度は法令で定める最低限度のものであり、それ以上の頻度で点検実施しても何ら問題はありません。

　また、出力50kW未満のFIT認定を受けた太陽光発電設備の場合は、電気事業法上の点検義務はありませんが、改正FIT法上で適切な保守点検および維持管理の実施が義務化されており、4年に1回以上の定期点検が推奨されています。

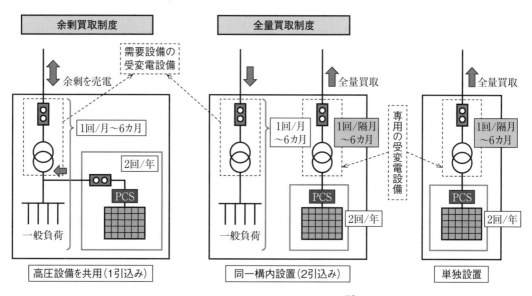

図4-3　太陽光発電設備の点検頻度※3

・日常点検（巡視点検）

　週に1回程度の頻度で行う点検です。定期点検のように義務化されているわけではないため、必ず実施する必要はありませんが、定期的に本点検を行うことで、発電量の低下や設備異常の早期発見につながります。

・臨時点検

　電気故障（事故）や自然災害などの発生時または予防のために、事前に実施する点検です。定義的には、保安規程に定める点検や測定・試験以外の業務となります。

※3　出典：平成25年経済産業省告示第164号（平成15年経済産業省告示第249号（電気事業法施行規則第五十二条の二第一号ロの要件、第一号ハ及び第二号ロの機器器具並びに第一号ニ及び第二号ハの算定方法等並びに第五十三条第二項第五号の頻度に関する告示）の一部を改正する告示）」及び「主任技術者制度の解釈及び運用（内規）（20130107商局第2号）」の一部改正案について（概要説明）

4.2 太陽電池モジュールの点検手法

　太陽光発電設備のなかでも受変電設備の点検は、工場やビルなどに設置されている一般の受変電設備の点検手法とほぼ同じです。しかし、太陽電池モジュールは太陽光発電独自の設備であり、セルラインチェックやI–Vカーブ測定といったほかの設備にはない独特な手法を用いて点検を行います。

　発電量を維持していくためにもモジュールの点検は非常に重要で、モジュールの表面ガラスの破損といった外観の異常以外にも、経年劣化や電気的故障などによって発電性能が低下することがあり、さまざまな点検手法を駆使して評価しなければなりません。また、初期不良によるメーカー保証をスムーズに受けるための交渉材料としても、発電性能や性能低下原因の調査は有効です。以下に、モジュールの点検(評価)手法を挙げます。

・ハンディ型赤外線カメラ(サーモグラフィカメラ[※1])

　モジュールには、砂埃などの汚れや樹木などの影によって一部分が過熱するホットスポットや、内部の電気回路が断線して起こるクラスタ断線などの発電異常が発生することがあります。モジュール内の電気回路は一般的に3つに分かれており、この一つひとつの回路をクラスタといいます(図4-4)。例えば、1つもしくは2つのクラスタが断線して発電を停止すると(クラスタ断線)、当該回路が異常過熱してしまいます。

　しかし、これら温度異常は人間の目(目視)で発見することはできません。そこで使用するのが「赤外線カメラ」です(写真4-1)。これによって、モジュールの温度分布が可視化できるため、正常な箇所と異常な箇所の温度差によって故障を判断します(口絵vi、写真4-2)。

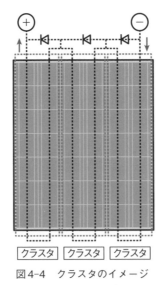

クラスタ　クラスタ　クラスタ
図4-4　クラスタのイメージ

※1　赤外線カメラの中でも、温度を計測することを可能にしたものがサーモグラフィカメラ

写真4-1　ハンディ型赤外線カメラを使用した点検風景

可視カメラ

赤外線カメラ

写真4-2　赤外線カメラによる異常箇所の発見

・ドローン点検

　従来は、前述のように人がモジュールを1枚ずつ点検し、異常があるモジュールを特定するというのが外観点検における一般的な手法でした。しかし近年では、ドローンを使用して上空から広範囲を一度に点検することが可能となり、点検作業が劇的に効率化されています。

　点検には、可視カメラと赤外線カメラが搭載されているドローンを使用し、点検の内容によって使い分けます。可視カメラは、モジュールの表面ガラスの割れや風などによる飛散、押さえ金具のズレ・脱落などの発見といった外観点検全般で大いに役立ちます。また、地上よりも俯瞰的に見ることができるため、樹木などによる影の発生状況の確認といったモジュール周辺の状況把握にも有効です（写真4-3）。

　対して、赤外線カメラは前述したハンディ型のものと同様に、温度という目に見えない異常を特定する際に役立ちます。ドローンに搭載することで、上空から一定の角度・距離での広範囲撮影が可能となるため、例えば、何百枚もの複数モジュールであっても、一気に発電異常を発見することができます（写真4-4）。

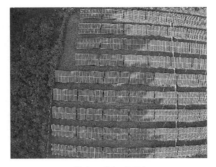

モジュールの飛散　　　　　　　　　　　樹木の影の把握

写真4-3　ドローンの可視カメラによる外観点検

写真4-4　ドローンの赤外線カメラによる、クラスタ断線が疑われる箇所の発見

・I-Vカーブ測定

　モジュールは、一般的に JIS C 8914「結晶系太陽電池モジュール出力測定方法」に準じた基準状態(モジュール温度:25℃、日射強度:$1\,000\,\mathrm{W/m^2}$)下における測定に基づいた出力特性が、仕様としてメーカーから公表されています。したがって、定期点検の際に「モジュール温度」「日射強度」「最大出力」を測定すれば、当該モジュールが仕様上の公称最大出力の何%程度の発電性能を有しているか評価することができます。

　この発電性能評価の一要素である「最大出力」は電流と電圧値の変化から算出しますが、通常、開放電圧を測定しようとすると無電流状態で行わなければならないため、正確に測定することは困難です。そこで、実際にモジュールに電流を流して稼働状態をつくり出し、最大出力などの数値を得る手法が I-V カーブ測定です(図4-5)。

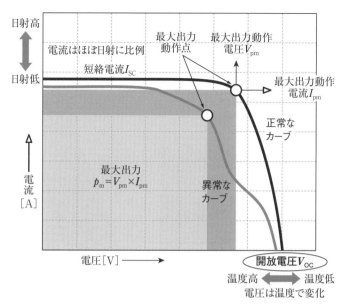

図4-5　*I–V*カーブのイメージ

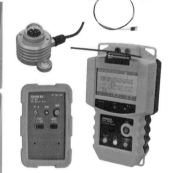

新栄電子計測器(株)の
*I–V*カーブトレーサ

写真4-5　*I–V*カーブ測定風景と結果画面

【測定方法】

① 接続箱の端子に、*I–V*カーブトレーサなどの測定器のプローブを当てて測定します。

② ストリングごとに順次測定していきます。

③ 測定器に表示された*I–V*カーブなどを見て、モジュールの性能を確認します(写真4-5)。

・セルラインチェック

　前述の*I–V*カーブ測定や開放電圧測定などを実施して異常を発見しても、この時点ではストリング単位までしかわかりません。したがって、発見した異常が、(ストリング中の)どのモジュールによるものなのか、さらに当該モジュールのどの部分なのかを特定する必要があり、それらを調査するために「セルラインチェック」という手法を用います。

使用する測定器は「セルラインチェッカ」といわれるもので、モジュール内部のクラスタ断線箇所やはんだの接続不良箇所などを、セル単位で詳細に特定することができます（写真4-6）。

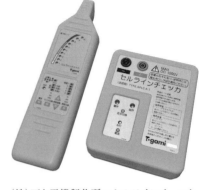

（株）戸上電機製作所のセルラインチェッカ

写真4-6　セルラインチェックの様子

4.3 使用前自己確認の 試験項目／確認方法と判定基準／届出

・試験項目

使用前自己確認の対象は、出力10 kW以上2 000 kW未満の太陽光発電設備になります。試験項目を以下に示します(表4-2、3)。小規模事業用電気工作物と自家用電気工作物(出力50 kW以上2 000 kW未満)の試験項目はほぼ同じですが、自家用電気工作物のほうには「遠隔監視制御試験」が追加されているため注意してください。また、出力10 kW以上50 kW未満の小規模事業用電気工作物を新設する場合には、「基礎情報の届出」が必要です。

表4-2　使用前自己確認(出力10 kW以上50 kW未満の小規模事業用電気工作物)の試験項目

（1）　外観点検
（2）　絶縁抵抗測定
（3）　絶縁耐力試験
（4）　保護装置試験
（5）　制御電源喪失試験
（6）　負荷遮断試験
（7）　負荷試験(出力試験)
（8）　関係法令の規定の遵守の確認
（9）　その他の各種試験および確認
【各種試験の種類】
① 接地抵抗測定
② 遮断器関係試験
③ 総合インターロック試験
【各種確認の種類】
① 設計荷重の確認
② 支持物の構造の確認
③ 部材強度の確認
④ 使用材料の確認
⑤ 接合部構造の確認
⑥ 基礎およびアンカー強度の確認
⑦ アレイ面の最高の高さが9 mを超える場合に必要な確認
⑧ 土砂の流出および崩壊の防止に係る確認

表4-3　使用前自己確認（出力50kW以上2000kW未満）の試験項目

（1）　外観点検

（2）　設計荷重の確認

（3）　支持物構造の確認

（4）　部材強度の確認

（5）　使用材質の確認

（6）　接合部構造の確認

（7）　基礎およびアンカー強度の確認

（8）　アレイ面の最高高さが9mを超える場合に必要な確認

（9）　土砂の流出および崩壊の防止に係る確認

（10）　関係法令の規定の遵守の確認

（11）　その他の各種試験

　　　　① 接地抵抗測定

　　　　② 絶縁抵抗測定

　　　　③ 絶縁耐力試験

　　　　④ 保護装置試験

　　　　⑤ 遮断器関係試験

　　　　⑥ 総合インターロック試験

　　　　⑦ 制御電源喪失試験

　　　　⑧ 負荷遮断試験

　　　　⑨ 遠隔監視制御試験

　　　　⑩ 負荷試験（出力試験）

・確認方法と判断基準

　使用前自己確認の各試験項目は（1）〜（11）までありますが、実際に測定などを行う試験は（11）の①〜⑩になります。（2）〜（10）は、支持物の強度計算書の妥当性の確認であり、主に図面上のチェックです。

（1）外観点検

a．確認方法

　確認対象となる電気工作物の設置状況について、「工事計画に従って工事が行われていること」「電気設備に関する技術基準を定める省令（電技）に適していること」を目視で確認します。

b．判断基準（チェックポイント）

　下記の判断基準②、③、④、⑩、⑪、⑬は、書類などによって確認することも可能です。

また、①、⑩、⑪、⑫については、特別高圧[※1]が対象であり、高圧は対象外です。

- □①中性点直接接地式電路に接続する変圧器に、油流出防止設備が施設されているか(電技第19条第10項)。
- □②必要な箇所に所定の接地が行われているか(電気設備の技術基準の解釈(電技解釈)第17〜19条、第21、22条、第24、25条、第27〜29条、第37条)。
- □③取扱者が、高圧または特別高圧用の機械器具の充電部に容易に触れないように施設されているか(電技解釈第21、22条)。
- □④開閉器や遮断器、避雷器などのアークを発生する器具と可燃性物質との離隔は十分か(電技解釈第23条)。
- □⑤高圧または特別高圧電路中の過電流遮断器の開閉状態が容易に確認できるか(電技解釈第34条)。
- □⑥高圧および特別高圧の電路において、過電流遮断器が、電線および電気機械器具を保護するために必要な箇所に施設されているか(電技解釈第34、35条)。
- □⑦高圧および特別高圧の電路に地絡が生じたときに、高圧交流負荷開閉器(PAS、UGS)などの自動的に電路を遮断する装置が必要な場所に施設されているか(電技解釈第36条)。
- □⑧太陽光発電所の高圧および特別高圧の電路において、架空電線の引込口および引出口、またはこれに近接する箇所に、避雷器が施設されているか(電技解釈第37条)。
- □⑨太陽光発電所の周囲に、柵・塀などが施設されているか。また、その出入口に施錠装置および立入禁止表示が施設されているか(電技解釈第38条)。
- □⑩太陽光発電所の周囲の柵・塀などの高さと、柵・塀などから特別高圧の充電部までの距離の和が、下記の規定値以上であるか(電技解釈第38条)。

充電部分の使用電圧の区分	柵・塀などの高さと、柵・塀などから特別高圧の充電部までの距離の和
35 000 V 以下	5 m
35 000 V を超え、160 000 V 以下	6 m
160 000 V 超過	$(6+c)$ m

c は、使用電圧と 160 000 V の差を 10 000 V で除した値(小数点以下は切り上げ)に 0.12 を乗じたもの

- □⑪ガス絶縁機器などの圧力容器が、規格「圧力容器の構造――一般事項」に準じて施設されているか(電技解釈第40条)。
- □⑫発電機、特別高圧用の変圧器、電力用コンデンサまたは分路リアクトルおよび調相機に、保護継電器や遮断装置などの必要な保護装置が施設されているか(電技解釈第42、43条)。
- □⑬確認対象となる電気工作物が、図面などの記載事項どおりに施設されているか。また、支持物の基礎については、記載事項どおりに施設されていることを、施工状態がわかる写真や施工管理記録などにより確認したか。

※1 「低圧」は太陽光発電設備の定格出力50 kW 未満のものを、「高圧」は出力50 kW 以上2 000 kW 未満を、「特別高圧」は出力2 000 kW以上を指す

4章　太陽光発電所 保守点検ガイド

（2）設計荷重の確認

a．確認方法

確認対象となる電気工作物の支持物の設計荷重が、設置環境下の荷重として適切に設定されていることを、「構造計画書」「架台図」「杭などの載荷試験結果」「地盤調査結果」などを含む図面によって確認します。

b．判断基準（チェックポイント）

判定基準の規格は、支持物の設置環境下において想定される「自重（固定荷重：モジュールの質量、支持物質量に恒久的に加わる荷重）」「風圧荷重（太陽電池モジュールや支持物に作用する風圧力による荷重）」「積雪荷重（モジュール表面の積雪による荷重）」「地震荷重（支持物に作用する水平地震力）」などの各種荷重が、JIS C 8955（2017）「太陽電池アレイ用支持物の設計用荷重算出方法」により、以下の①～⑨までの項目を満たすことです。

- □①自重に、モジュール、支持物および支持物に取り付けられている電気設備（逆変換装置や電線、接続箱、集電箱）などの重量が設定されているか。
- □②風圧荷重に、アレイ面と支持物のそれぞれの荷重が与えられているか。
- □③基準風速、地表面粗度区分[※2]に、当該設備の設置場所に応じた値が設定されているか。
- □④風力係数に、風洞実験結果から与えられた数値、またはJIS C 8955（2017）に示された設置形態に応じた数値が設定されているか。
- □⑤積雪荷重の地上垂直積雪量に、JIS C 8955（2017）の算定方法によって求めた値が設定されているか。

  積雪荷重 S_P の計算式は、

  $$S_P(N) = C_S \times P \times Z_S \times A_S \times 100$$

  C_S：アレイの勾配係数、P：雪の平均単位重量 $[N/cm/m^2]$、

  Z_S：地上垂直積雪量 $[m]$、A_S：積雪面積（アレイの水平投影面積）$[m^2]$

  であり、各計算式は、

  $C_S = \sqrt{\cos(1.5 \times \beta)}$[※3]　　　　……判断基準⑥を参照

  P：一般の地方は20（多雪区域は30）　……判断基準⑦を参照

  $Z_S = \alpha \times I_S + \beta \times r_S + \gamma$[※4]

  となっています。

- □⑥勾配係数 C_S に、アレイ面の角度に応じた値が設定されているか（アレイ面の積雪が確実に滑落しないと判断できる場合は、勾配係数を1としていること）。
- □⑦雪の単位荷重 P は、一般の地方で20 $N/cm/m^2$ 以上、多雪区域で30 $N/cm/m^2$ 以上と設定されているか。
- □⑧地震荷重の設計用水平震度には、JIS C 8955（2017）に示された設置形態（地上設置お

※2　地表面の粗さを4段階に分けて示すための分類基準
※3　例えば、25°の勾配の場合、本式の β に25を代入して、0.89となる
※4　α、β、γ は、JIS C 8955の表8「各区域の積雪量を表すパラメータ」を参照する。また、I_S は区域の標準的な標高、r_S は区域の標準的な海率

よび建築物等設置)および設置場所に応じた値が設定されているか。

　　□⑨傾斜地、水上などに設置される設備で、「発電用太陽電池設備に関する技術基準の解釈」に基づいて、付加的に考慮すべき外力を適切に評価しているか。

（3）支持物構造の確認

a．確認方法

　図面などを用いて、「図面上の支持物の形状や寸法、使用材料などと、実際の設備のものが一致していること」「支持物が各種設計荷重に対して安定した構造であること」を確認します。

b．判定基準（チェックポイント）

　　□①支持物の架構(部材の組み方や形状、使用材料など)と寸法が、図面などと一致しているか。

　　□②図面などに示された支持物(基礎を含む)の架構図を基に、正面・側面・背面の架構について不静定次数の計算を行い、いずれの架構も不静定次数の値が0以上の安定した構造(静定・不静定)となっているか。

　　　　不静定次数の計算式は、

$$m = (n + s + r) - 2 \times k$$

　　　　m：不静定次数、n：支点反力数、s：部材数、r：剛接数、k：接点数

であり、$m \geq 0$の場合を「安定(静定・不静定)」、$m < 0$の場合を「不安定」と判別します(図4-6)。

　　　　ただし、本式は一時的な判別に使用されるものであり、3次元的な架構モデルや特殊な接合部を有するような場合には判別できないことがあるため、構造解析プログラムなどで確認することが望ましいとされています。

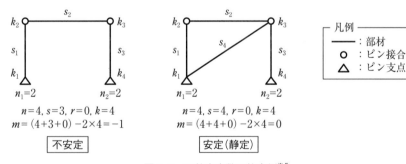

図4-6　不静定次数の算定例[5]

（4）部材強度の確認

a．確認方法

　「強度計算書」「支持構造物構造計算書」などによって、部材が受ける応力が許容応力度以下であることを確認します。許容応力度については、以下の基規準・指針などを参考に

※5　「発電用太陽電池設備に関する技術基準を定める省令およびその解釈に関する逐条解説」の解説2図より

してください。
- 鋼構造許容応力度設計規準（日本建築学会）
- 軽鋼構造設計施工指針・同解説（日本建築学会）
- アルミニウム建築構造設計基準・同解説（アルミニウム建築構造協議会）
- 鉄筋コンクリート構造計算基準・同解説（日本建築学会）

また、モジュールの構成部材のうち荷重を負担するガラス面やフレームの部材についても、上記の基準・指針などに準じた強度が確保されている必要があります。

ｂ．判定基準（チェックポイント）

- □①すべての部材の形状、断面性能および許容応力度が、図面などに示されているか。
- □②部材の許容応力度に対して、ボルト孔による断面欠損、有効断面積、座屈による低減などが考慮されているか。
- □③各種設計荷重に対して、各部材の応力が示されているか。
- □④各部材の検定比 $\left(=\dfrac{応力}{許容応力度}\right)$ が1以下か。

（5）使用材料の確認

ａ．確認方法

支持物に、「安定した品質の材料が使用されているか」「安定した強度特性を有しているか」を図面などによって確認します。材料には、日本産業規格（JIS）、日本農林規格（JAS）、国際規格（ISO）などに規定されているものを使用するのが望ましいとされています。ただし、海外規格の材料を使用している場合は、その強度特性を明確にしたうえで、設計条件に適合していることを確認する必要があります。

ｂ．判定基準（チェックポイント）

- □①日本産業規格（JIS）、日本農林規格（JAS）、国際規格（ISO）に規定された材料が使用されているか。
- □②腐食や腐朽、劣化しやすい材料を使用している場合、めっきや塗装などの対策処理が施されているか。
- □③①以外の規格に規定された材料を使用している場合、その強度特性が明確化されており、設計条件に適合しているか。

（6）接合部構造の確認

ａ．確認方法

接合部における存在応力を確実に伝える構造になっているか、図面などによって確認します。この対象となる接合部は、モジュールとその支持物に作用する荷重を、地盤や建築物などに伝達するためのすべての接合部を指し、部材間を接合するボルト類や接合プレート、押さえ金具、クランプなどの接合部材から、モジュールを支持物に固定する際に用いられるクリップ金具も含まれます。

構造計算による確認が難しい場合は、載荷試験によって、部材間の存在応力を確実に伝達できる性能を有しているか確認します。その際は、強度のばらつき（2σ や 3σ などの信頼

区域)を考慮して、接合部の性能を評価してください。

ｂ．判定基準(チェックポイント)

□①すべての接合部において、形状や締結材の仕様などが示されているか。

□②接合部に、作用する応力が示されているか。

□③②に示された応力に対して、接合部の外れ・ずれ・大きい変形が起こっておらず、接合強度が上回っているか。

□④単管クランプやスロット接合など、部材間の摩擦によって接合される接合部において、部材間の摩擦力が適切に評価されているか。

□⑤押さえ金具について、荷重作用時の部材の変形を考慮し、その部材が脱落しない十分な掛かりしろが確保されているか。

□⑥接合強度のバラつきが想定される場合、そのバラつきを考慮した強度の低減を行っているか。

(7) 基礎およびアンカー強度の確認

ａ．確認方法

　図面などで、支持物の基礎やアンカーが沈下や浮上したり、水平方向へ移動しないことを確認します。基礎やアンカーが沈下や浮上がり、水平移動した場合、支持物全体の損壊につながるため、特に基礎部は上部構造から伝達される荷重に対して、十分な抵抗力を有しているのが望ましいとされています。

　特に地上設置型の場合、杭基礎の抵抗力は、杭が打設される地盤における積荷試験によって確認すること。また、水上設置型のフロート群を係留するためのアンカーについても、偏りを考慮した荷重に対して十分な抵抗力があることを、杭基礎と同様な積荷試験によって確認することが重要です。

ｂ．判定基準(チェックポイント)

□①基礎に作用する押込方向・引抜方向・水平方向の応力に対して抵抗力があるか。

□②「構造計算」によって基礎の抵抗力がわかっている場合、設備がある場所の土質やＮ値[※6]などの地盤特性が適切に設定されているか。

□③「積荷試験」によって基礎の抵抗力を確認している場合、当該試験が適切に実施されていたか。

□④水上設置型のアンカーに対して、アンカーごとの荷重の偏りを考慮した安全性が確認されているか。

(8) アレイ面の最高の高さが9ｍを超える場合に必要な確認

ａ．確認方法

　土地に自立して施設される支持物のうち高さが9ｍを超える場合は、建築基準法(昭和25年法律第201号)上における工作物の規定に適合していることが要求されるため、図面などでこれらを確認します。

※6　JIS A 1219(2013)に規定される測定方法を用いること

なお、太陽光発電設備の設計荷重を規定しているJIS C 8955（2017）では、アレイ面の最高の高さが9mを超えるものは適用範囲外としているため、設計荷重についても別途検討する必要があります。

b．判定基準（チェックポイント）

□①設備の基礎が、建築基準法施工令（昭和25年政令第338号）第38条の要求を満たしているか。

□②架台を構成する部材のうち圧縮力を負担する部材において、建築基準法施行令第65条に基づき、有効細長比※7が支柱では200以下、それ以外では250以下であるか。

□③建築基準法施行令第66条に基づき、架台の支柱の脚部が、国土交通大臣が定める基準（平成12年建設省告示第1456号）に従ったアンカーボルトによる緊結・そのほかの構造方法によって、基礎に緊結されているか。ただし、滑節構造の場合は除く。

□④支持物の接合部に用いる高力ボルト・ボルトおよびリベットが、建築基準法施行令第68条の要求を満たしているか。

□⑤すべての方向の水平力に対して安全であるように、架台の架構に型鋼、棒鋼もしくは構造用ケーブルの斜材、鉄筋コンクリート造の壁が釣合いよく配置されているか（建築基準法施行令第66条）。

□⑥地盤の許容応力度および基礎ぐいの許容支持力が、国土交通大臣が定める方法（平成13年国土交通省告示第1113号）によって行われた地盤調査の結果に基づいて定められているか。ただし、地盤の許容応力度については、建築基準法施行令第93条に示された数値を用いることができる。

（9）土砂の流出および崩壊の防止に係る確認

a．確認方法

　特に地上設置型の場合は、施設による土砂流出または地盤の崩壊が起こっていないかを確認します。これらが発生するおそれがある場合は、排水処理方法など工学的検討を行なった上で土地の斜面崩壊防止対策などが講じられており、図面などのとおりに施工されているかという点も注意して確かめてください。

b．判定基準（チェックポイント）

□①設備の施設などによって、その土地に土砂流出や地盤崩壊の兆候や発生がいないか。

□②排水工や法面保護工などの雨水浸食を防護する抑止・抑制工が図面などのとおりに施工されているか。

（10）関係法令の規定の遵守の確認

a．確認方法

　発電所、発電設備の工事などを行う際に、「砂防法」「森林法」「地すべり等防止法」「宅地造成および特定盛土等規制法」「急傾斜地の崩壊による災害の防止に関する法律」の許可を要した場合、その工事が該当する関係許可に従って行われているか否かを書類などで確

※7　断面の最小二次率半径に対する座屈長さの比

認します。

b．判定基準（チェックポイント）

□関係許可を要する行為が、該当する関係許可を受けたところに従って行われているか。

□①砂防法（明治30年法律第29号）第4条（同法第三条において準用する場合を含む）の規定による許可

□②森林法（昭和26年法律第249号）第10条の2第1項の許可

□③地すべり等防止法（昭和33年法律第30号）第18条第1項または同法第42条第1項の許可

□④宅地造成および特定盛土等規制法（昭和36年法律第191号）第12条第1項または第30条第1項の許可

□⑤急傾斜地の崩壊による災害の防止に関する法律（昭和44年法律第57条）第7条第1項の許可

（11）その他の各種試験

① 接地抵抗測定

接地抵抗計を用いて、機器などに施されている接地の抵抗値を測定し、その値が適切であることを確認します。接地の目的は、感電防止や事故発生時の電路の保護が中心であるため、この値が適切でないとこれらに対応できなくなる危険性があります。

a．確認方法

接地抵抗の測定そのものは年次点検などでの方法と同じで、接地方法に応じて以下の測定方法によって行います。

1．機器ごとに接地する「単独接地」の場合：直読式接地抵抗計による測定

2．いくつかの接地箇所を連絡して接地する「連接接地」の場合：直読式接地抵抗計による測定

3．接地線を網状に埋設し、各交流点で連接する「網状（メッシュ）接地」：電圧降下法による測定

なお、連接接地法と網状（メッシュ）接地法により接地されている変更工事の場合は、設備と既設接地極・網との導通試験に代えることが可能です。

b．測定手順

① 接地抵抗計のバッテリー残量を確認します。

② 被測定極および測定補助極に配線します。

③ 地電圧を確認します。

④ 被測定極の接地抵抗値を測定します。

c．判定基準（チェックポイント）

□接地抵抗値が、下記の規定値以下であるか（電技解釈第17条または第24条第1項第2号）。

接地工事の種類	接地抵抗値
A種接地工事	10 Ω以下
B種接地工事	配電線路ごとに計算された値
C種接地工事	10 Ω以下
D種接地工事	100 Ω以下

② 絶縁抵抗測定

　設備全体の絶縁抵抗を測定し、適切であることを確認します。この値が低い場合、地絡（漏電）を引き起こし、感電するおそれもあるため注意しましょう。また、モジュールについては、電技解釈第16条第5項第二号に基づいた絶縁性能を有していることが本試験によって確認できた場合、次項の「絶縁耐力試験」を省略することができます。

ａ．確認方法

1. 低圧電路の絶縁測定は、発電機の界磁回路など特に必要と認められる回路について行います。
2. 高圧および特別高圧電路の絶縁抵抗測定は、絶縁耐力試験の回路について行います。
3. 絶縁抵抗の測定には、JIS C 1302「絶縁抵抗計」に定められている絶縁抵抗計を使用してください。
   - 低圧の機器および電路：500 V絶縁抵抗計
   - 高圧または特別高圧の機器および電路：1 000 V絶縁抵抗計
4. 絶縁抵抗値には、「1分値」を採用します。ただし、被測定機器の静電容量が大きい（長い地中ケーブルなどを含む場合）ため、短時間では絶縁抵抗計の指針が静止しないときは、指針が静止後の値を採用します（3分以上測定を継続する必要はありません）。

ｂ．測定手順

【パワーコンディショナ（PCS）（写真4-7、図4-7）】

① 測定者は、絶縁保護具を装着します。
② 絶縁抵抗計のバッテリー残量を確認します。
③ 無抵抗の状態で、メモリまたは表示が「0」であることを確認します。
④ 被測定電路の絶縁抵抗値を測定します。
⑤ 測定後、被測定電路を放電します。

写真4-7　PCS内部の絶縁抵抗測定（試験端子を用いて行う）

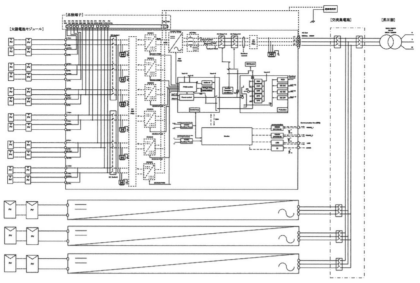

測定後は点検端子台から、短絡用ケーブルを必ず抜去してください

図4-7　PCSの絶縁抵抗測定における電圧の印加部（図中央の ……… 部分）

【直流電路（接続箱、集電箱、太陽電池モジュール）（写真4-8、図4-8）】

① 印加する電圧によっては、被測定電路中にあるSPDが動作し、測定できないケースもあるため、SPDが動作しないようにしておきます。

② 測定者は、絶縁保護具を装着します。

③ 絶縁抵抗計のバッテリー残量を確認します。

④ 無抵抗の状態で、メモリまたは表示が「0」であることを確認します。

⑤ 被測定電路の絶縁抵抗値を測定します。

⑥ 測定後、被測定電路を放電します。

⑦ 測定前に処置した部分（①）を復旧させます。

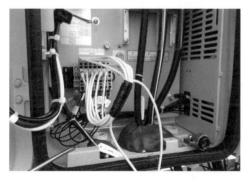 

写真4-8　直流側の絶縁抵抗測定（試験端子を用いて行う）

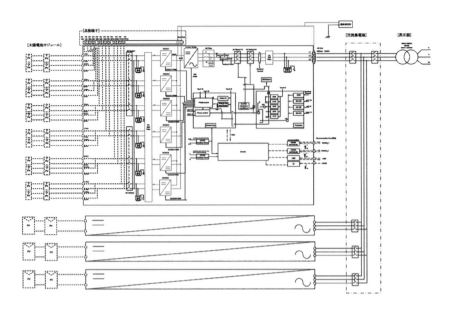

図4-8 直流側の絶縁抵抗測定における電圧の印加部（図左側の ……… 部分）

c．判定基準（チェックポイント）

□①低圧電路の電線相互間および電路と大地間の絶縁抵抗が以下の値になっているか。

- 使用電圧が300 V以下、対地電圧が150 V以下の電路：0.1 MΩ以上
- 使用電圧が300 V以下、対地電圧が150 V超えの電路：0.2 MΩ以上
- 使用電圧が300 Vを超える電路：0.4 MΩ以上

□②高圧および特別高圧の電路において、大地およびほかの電路（多心ケーブルではほかの心線、変圧器ではほかの巻線）と絶縁されているか。

③ 絶縁耐力試験

通常時に使用する電圧より高い電圧（例えば、高圧電路の場合は最大使用電圧の1.5倍）を印加し、高圧の機器や電線が絶縁破壊を起こさないことを確認します。また、直流電路の使用電圧が高圧の場合は、当該電路についても絶縁耐力試験を行う必要があります。特にモジュールは、日中発電していることから充電電路となるため、通常、直流電路の絶縁耐力試験は日没後に行います。

a．確認方法

電力回路や機器の使用電圧に応じて、電技解釈第14条〜16条までに定められている試験電圧を印加します。

ただし、「特別高圧の電路」および「変圧器の電路」「器具などの電路」の絶縁耐力について、電技解釈第15条第四号、第16条第1項第二号、第6項第三号または第五号に基づき絶縁耐力試験を実施したことを確認できたものについては、通常の運転状態で主回路の電路と大地間に加わる電圧である常規対地電圧を電路と大地間に連続して印加することができます。つまり、例えばPCSの場合、電技解釈第16条第6項第五号により1台ごとのメーカーの工場試験成績書によって絶縁耐力を有していることを確認できれば、絶縁耐力試験

ではなく10分間の常規対地電圧の印加に代えることができます。

【絶縁耐力試験を常規対地電圧の印加に代えることが可能】

・変圧器（電技解釈第16条第1項第二号）

　JEC規格による、商用周波耐電圧試験に合格していることが確認できる場合。

・交流側開閉器、遮断器（電技解釈第16条第6項第三号）

　JEC規格やJIS規格で定める商用周波耐電圧試験による絶縁耐力試験に合格していることが確定しているもので、設置場所においてもその性能が維持されている判断できる場合。

・PCS（電技解釈第16条第6項第五号）

　JEC-2470に定められた試験によって、その絶縁耐力が確認されている場合。

【絶縁耐力試験を省略可能】

・太陽電池モジュール（電技解釈第16条第5項第二号）

　使用電圧（開放電圧）が750 V以下かつ、JIS C 8918「結晶系太陽電池モジュール」の「6.1 電気的性能」またはJIS C 8939「薄膜太陽電池モジュール」の「6.1 電気的性能」に適合し、絶縁抵抗が良好な場合。ただし、JIS規格外またはストリングの開放電圧が750 Vを超える場合は、絶縁耐圧試験を実施するため注意が必要です（以下で解説します）。

b．測定手順

【高圧受変電設備】

① 被試験電路において、変圧器の巻線部などの試験電圧を印加すると損傷する部分に処置を行います。

② 試験前に、被試験電路の絶縁抵抗値を測定しておきます。

③ 耐圧用試験器を設置し、印加点を取り付けて昇圧します。

④ 印加電圧が試験電圧の約半分になったところで被試験電路を検電し、被試験電路に電圧が印加されていることを確認します。

⑤ 検電後、試験電圧まで昇圧し、充電電流が正常であることを確認します。

⑥ 試験電圧を10分間印加します。また、試験中の印加電圧や充電電流に変化がないことを1分、5分、9分後の値を記録しつつ確認してください。

⑦ 10分経過後、降圧して被試験電路を放電します。

⑧ 被試験電路の試験後の絶縁抵抗値を測定します。

⑨ 試験終了後、試験前に処置した部分（①）を復旧させます。

【直流電路（接続箱、集電箱、太陽電池モジュール）】

① 被試験電路において、変圧器の巻線部などの試験電圧を印加すると損傷する部分に処置を行います。

② 絶縁抵抗測定と同様に、SPDが動作しないように処置を行います。

③ 試験前に、被試験電路の絶縁抵抗値を測定しておきます。

④ 耐圧用試験器を設置し、印加点を取り付けて昇圧します。

⑤ 印加電圧が試験電圧の約半分になったところで被試験電路を検電し、被試験電路に電圧が印加されていることを確認します。

⑥ 対象モジュールのケーブルを検電し、電圧の有無を確認します。

⑦ 検電後、試験電圧まで昇圧し、充電電流が正常であることを確認します。

⑧ 試験電圧を10分間印加します。また、試験中の印加電圧や充電電流に変化がないことを1分、5分、9分後の値を記録しつつ確認します。

⑨ 10分経過後、降圧して被試験電路を放電します。

⑩ 被試験電路の試験後の絶縁抵抗値を測定します。

⑪ 試験終了後、試験前に処置した部分（①）を復旧させます。

• 太陽電池モジュールの絶縁耐力試験例（写真4-9）

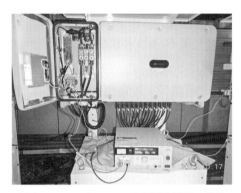

写真4-9　モジュールの絶縁耐力試験の様子

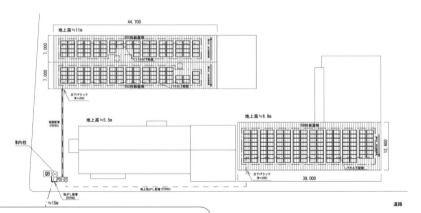

系 統 表

PCS番号	直列数×系統数（設置枚数）	設置容量
PCS①（三相49.50 kW）	21直列×12系統（252枚）	94.50 kW
合計　1台	12系統（252枚）	94.50 kW

申請出力：49.50 kW

図4-9　発電所例

モジュールに適合する絶縁性能は、電技解釈第16条第5項第一号に規定されており、「最大電圧の1.5倍の直流電圧または1倍の交流電圧（500 V未満となる場合は500 V）を充電部分と大地間に連続して10分間印加したとき、これに耐えうる性能を有すること」とされています。

　例えば、図4-9のような発電所の場合、直列の開放電圧は、

　　　41.60［V］×21枚直列＝873.6［V］

となります。直流の場合、印加電圧は最大使用電圧の1.5倍となるため、

　　　873.6［V］×1.5＝1 310.4［V］

となります。

c．判定基準（チェックポイント）

□①試験電圧を連続して10分間加えたあとに絶縁抵抗測定を行い、絶縁に異常がないか。

□②電技解釈「第15条第四号」「第16条第1項第二号」「第16条第6項第三号」または「第16条第6項第五号」に基づき実施した場合、常規対地電圧を連続して10分間加えた際に、絶縁に異常がないか。

④ 保護装置試験

　試験器から異常な電圧や電流を出力し、受変電設備やPCSに内蔵されている保護継電器が適切に動作するかを点検します（写真4-10）。また、各種保護継電器が動作したとき、それぞれに対応する開閉器、遮断器やPCSの開閉表示、故障表示および警報装置などが正常に動作・表示されることも併せて確認します（連動試験）。

　保護継電器は、事故発生時に太陽光発電設備内だけでなく、連系している配電線を保護する重要な機器なため、確実に動作することを確認しなければなりません。また、機種によっては、試験時に専用の治具や内部のプログラム変更が必要となる場合もあるため、試験実施前に必ず取扱説明書などで機種を把握し、適切な準備を行うようにしましょう。

写真4-10　保護継電器試験の様子

ａ．確認方法

高圧または特別高圧の電路に施設する「過電流遮断器（電技解釈第34条）」「地絡遮断装置（電技解釈第36条）」「特別高圧の変圧器および調相装置の保護装置（電技解釈第43条）」に関連する保護継電器を、手動などで接点を閉じる、または実際に動作させて試験を行います。

ｂ．測定手順

【高圧受変電設備】

① 保護継電器に、試験器のケーブルを配線します（単体試験の場合、保護継電器を電路から切り離す）。

② 過電流継電器（OCR）などの各種保護継電器（地絡過電流継電器（OCGR）、地絡過電圧継電器（OVGR）、逆電力継電器（RPR）の試験を行い、動作値や動作時間が規定値内であることを確認します（連動試験の場合は、対応する開閉器と遮断器が動作することも確認する）。

③ 試験終了後、配線および整定値を試験前の状態に戻す。

- OCRの保護継電器試験（例）

1．最小動作電流試験（限時要素）

- 限時要素を整定値に合わせます。
- 保護継電器の動作時間倍率を最小に合わせて試験電流を徐々に増加させ、保護継電器が動作するときの電流値（最小動作電流）を測定します。

2．最小動作電流試験（瞬時要素）

- 瞬時要素を整定値に合わせます。ただし、整定値が大きく、試験電流の容量が不足する場合には、整定より小さくしましょう。
- 限時要素が働かないように動作をロックし、試験電流を徐々に増加させて瞬時要素が動作するときの電流値（最小動作電流）を測定します。

3．動作時間試験（限時要素）

- 保護継電器の動作時間倍率を整定値に合わせて、整定値の300％の電流を急激に流し、保護継電器が動作するまでの時間を測定します。
- 同様に500％、1 000％（試験電源に余裕がある場合）の電流で試験を行います。

4．動作時間試験（瞬時要素）

- （この試験項目については、必要に応じて実施）整定値の200％の電流（これが難しい場合は、整定値よりも大きい電流）を急に流し、保護継電器が動作するまでの時間を測定します。

【パワーコンディショナ（PCS）】

① PCSに試験器のケーブルを配線します（機種によってはプログラム変更などの処置が必要）。

② テストボタンを操作し、PCSを停止させます。このとき、監視装置などでPCSが停止したことを確認してください（写真4-11、12）。

写真4-11　テストボタン操作によるPCS停止試験（保護継電器試験）

| オプティマイザの検索 | DCアーク故障クリア | 有効電力調整 | 無効電力調整 | 力率調整 |

設備のリアルタイムデータ

PV	PV1	PV2	PV3	PV4	PV5	PV6	PV7	PV8
入力電圧(V)	832	832	834.3	834.3	832.2	832.2	833.3	833.3
入力電流(A)	0	0	0	0	0	0	0	0

・PCS状態	停止：指令停止	・当日の発電量	0.00 kWh	・累計発電量	8.40 kWh
・有効電力	0.000 kW	・出力無効電力	0.000 kvar	・PCSの定格容量	33.300 kW
・力率	0.000	・電力系統周波数	0.00 Hz	・出力方法	三相3線式
・電力系統A相電流	0.000 A	・電力系統B相電流	0.000 A	・電力系統C相電流	0.000 A
・電力系統AB電圧	0.0 V	・電力系統BC電圧	0.0 V	・電力系統CA電圧	0.0 V
・PCS起動時間	2023-11-27 14:12:16	・PCSシャットダウン時間	2023-11-27 15:15:33	・内部温度	13.1℃
・絶縁抵抗値	0.255 MΩ				

写真4-12　PCSの停止確認画面

③ 各種保護継電器（地絡過電圧継電器（OVGR）や逆電力継電器（RPR）の試験を行い、動作値や動作時間が規定値内であることと、PCSの故障表示が適正であることを確認します。

④ 保護継電器を復帰させた後、PCSが電力会社との協議事項に応じた方法（自然復旧もしくは手動復帰待ち状態）となるか確認します。

⑤ 配線および変更部分を、試験前の状態に戻します。

c．判定基準（チェックポイント）

□関連する遮断器、故障表示器、警報装置、遮断器の開閉表示などが正常に動作しているか。

⑤ 遮断器関係試験

　本試験は、圧縮空気、圧油などの操作用駆動源による付属タンクを用いた遮断器や開閉器が対象となります。高圧連系の設備では真空遮断器（VCB）がほとんどであり、圧縮空気などによる付属タンクは少ないことから、実施対象および機会の少ない試験です。

ａ．確認方法

１．アキュームレータを含む付属タンクの容量試験

遮断器または開閉器について、操作用駆動源の付属タンクの供給元弁を閉じて圧縮空気などが供給されない状態で、入切の操作を連続して１回以上(再閉路保護方式の場合は２回以上)行い、当該機器の動作や開閉表示器の表示を確認します。

２．駆動力発生装置自動始動停止試験

付属タンクの排出弁を静かに開いて圧力を徐々に下げて駆動力発生装置を自動始動させ、そのときの圧力を測定します。また、駆動力発生装置が始動したあとに排出弁を閉鎖して圧力を徐々に上げ、運転中の駆動力発生装置付属タンクが自動停止するときの圧力を測定します。

３．駆動力発生装置付属タンク安全弁動作試験

付属タンクの出口止め弁を閉じて、駆動力発生装置を運転して圧力を徐々に上げ、その付属タンクに設置してある安全弁の吹出圧力を測定します。

ｂ．判定基準(チェックポイント)

□①設定どおりの動作が行われているか。

□②自動始動・停止が、設定圧力の範囲内で行われているか。

□③安全弁の吹出圧力が、付属タンクの最高使用圧力以下か。

⑥ 総合インターロック試験

模擬的に、配電線の停電といった事故や異常を発生させて、保護継電器や開閉器、遮断器が設定したとおりに動作するか、表示・警報が適切であるかチェックする試験です。インターロックが適切でない場合、事故発生時に発電設備内に影響を及ぼすおそれがあるため、必ず設定どおりの動作をするか確認してください。

ａ．確認方法

発電設備を軽負荷運転させて、総合インターロックが作動する原因となる電気的および機械的要素について事故を模擬し、これにかかわる保護継電装置を実動作または手動で接点を閉じて動作させます。

なお、本試験により確認すべき内容が、④保護装置試験、後述する⑦制御電源喪失試験または⑧負荷遮断試験(現地で実施するものに限る)と併せて行える場合は、これら試験と同時に実施することも可能です。

ｂ．測定手順

① トリップロックオン／オフの条件で、地絡過電流継電器(OCGR)を動作させて、PCRの運転状態を確認します。

② トリップロックオフの条件で、地絡過電圧継電器(OVGR)を動作させてPCSを停止させ、その後にPCSをリセットして手動で運転することを確認します。

③ 地絡方向継電器(DGR)を動作させて、遮断器によってPCSが停止することを確認します。

④ 過電流継電器(OCR)を動作させて、遮断器によってPCSが停止することを確認します。

⑤ 遮断装置を切り、PCSが停止することを確認します。

⑥ 遮断装置を切ってPCSを停止させ、遮断器を再投入してPCSが自動運転しないことを確認します。

⑦ PCSのファンを停止させた際に、PCSが止まることを確認します。

ｃ．判定基準（チェックポイント）

　□①プラントが自動的かつ安全に停止するか。

　□②関連する警報や表示などが正常に動作するか。

⑦ 制御電源喪失試験

　運転中（発電中）の発電設備を遮断させて、そのときの過渡変化を測定し、開閉器や遮断器の状態が正常か確認する試験です。

ａ．確認方法

　発電設備の運転中に制御電源を喪失させたときに過渡変化する主要パラメータの測定や、遮断器・変圧器などの開閉状態、警報や表示などを確認します。

　なお、本試験により確認するべき内容が、④保護装置試験・⑥総合インターロック試験または後述する⑧負荷遮断試験（現地で実施するものに限る）と併せて行える場合は、これら試験と同時に実施することも可能です。

ｂ．測定手順

　前述の総合インターロック試験と同時に実施するのが一般的です。

① 発電設備が運転状態のときに遮断器などを開放します。

② PCSが停止し、警報や表示などが正常に動作するか確認します。

ｃ．判定基準（チェックポイント）

　□①プラントが自動的かつ安全に規定の状態に移行するか。

　□②測定結果に異常はないか。

　□③遮断器や開閉器が正常に動作し、警報や表示なども正常にでるか。

　各検査方法でも簡単に記載していますが、④保護装置試験から⑦制御電源喪失試験までは、関連性が高いことから同時に実施するケースが多いです。発電設備を軽負荷運転させたうえで、例えば④保護装置試験として、

　１．OVGRをテストボタンによって動作させ、真空遮断器（VCB）を開放

　２．励磁突入電流抑制機能付きの高圧交流負荷開閉器（LBS）を開放

　３．PCSの自動停止を一連で確認

することで、発電所が系統から切り離されたことになります。また、PCSの停止を確認することで⑥総合インターロック試験も実施済となり、制御電源がなくなった時点でPCSが自動停止することを確認すれば⑦制御電源喪失試験も完了したことになります。さらに、これら連動試験で、関連する保護装置や遮断器、開閉器、PCSの開閉表示、故障表示および警報装置などが正常に表示しているかも併せて確認可能です。

⑧ 負荷遮断試験

　発電出力の1/4、2/4、3/4、4/4の負荷において、それぞれの負荷遮断した際の過渡変化による電圧上昇の波高値が、管理値の範囲内か確認する試験です（写真4-13）。

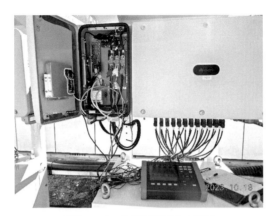

写真4-13　負荷遮断試験の様子

ａ．確認方法

　発電出力の1/4負荷運転状態から負荷遮断して異常がないことを確認した後、順次2/4、3/4、4/4（全）負荷運転まで段階的に試験します。発電電圧は、発電所構外に施設する監視制御装置などを含む過渡変化を記録できる測定機器によって確認します。

　なお、出力が太陽光に左右されるため、試験時に必要な出力が得られないケースもあります。その場合は、「工場試験の結果から判断して支障がないと認められるものは記録により確認することができるものとする。」とされています。

ｂ．測定手順

① PCSの交流側に、電圧・電流波形を記録することができる測定器（電源品質アナライザなど）を接続します。

② PCSを試験出力に変更します。特に、出力調整がパソコンから行えるPCSもあり、この場合は1/4などの出力調整が容易です（写真4-14）。

③ 交流側の遮断器などを開放します（写真4-15）。

写真4-14　パソコンから出力調整

写真4-15　ブレーカの開放

④ 測定器で記録された波形を確認し、判定基準値内であることを確認します（写真4-16）。

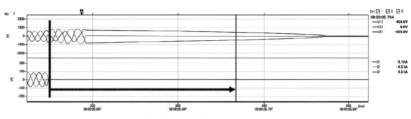

【4/4負荷】　遮断〜制限値105%以下まで　　　　　　　　　　　　　　　　　　219 ms

写真4-16　負荷遮断試験の結果

c．判定基準（チェックポイント）

□①負荷遮断後、発電電圧などの負荷遮断時に過渡変化するパラメータの変動が、制限値内にあるか。

電圧上昇率が、150%以下であるか。

$$電圧上昇率[\%]=\frac{遮断後の最大電圧}{PCSの定格電圧\times\sqrt{2}}\times100$$

□②プラントが安全に規定の状態へ移行するか。

⑨ 遠隔監視制御試験

本試験は、遮断器などを遠隔で操作する発電所が対象になります。現状、ほとんどの太陽光発電所が、技術員が必要に応じて発電所に出向き、運転状態の監視または制御、そのほか必要な処置を行う随時監視制御方式なため、試験対象は少ないです。

試験自体は、技術員が発電制御所に常時駐在して、発電所の運転状態の監視および制御を遠隔で行っている（遠隔常時監視制御方式）場合に、被制御対象の発電所における真空遮断器（VCB）やPCSの起動停止を確認します。

a．確認方法

発電制御所において、電技解釈第47条の2で規定された被制御発電所の「主機の自動始動停止操作」あるいは「必要な遮断器などの開閉操作」および「運転に必要な制御開閉器類の制御操作」を遠隔で行い、当該機器が動作すること、発電制御所に状態変化が表示されることを確認します。

b．判定基準（チェックポイント）

□①被制御発電所の関係機器が正常に動作するか。

□②発電制御所または技術員の駐在所に、被制御発電所の状態変化が正しく表示されているか。

⑩ 負荷試験（出力試験）

通常の運転時における各機器の温度上昇の過渡状況を放射温度計などによって測定し、飽和状態になるまで連続運転させる試験です。PCSおよび変圧器の異常振動や異音の有無を確認すると同時に、電源品質アナライザを用いて高調波も測定します（JEAG 9702-2013

により5％以下）。

a．確認方法

発電設備を可能な限り定格出力・定格電圧・定格力率に保持して、機器の各部における温度上昇が飽和状態になるまで連続運転し、逆変換装置や変圧器などの異常な温度上昇・異常振動・異音などの有無や高調波（電圧歪率）を測定機器（発電所構外に施設する監視制御装置などを含む）、警報の有無および所内巡視などの方法によって確認します。

また、連続運転中に巡視点検できない箇所については、連続運転の終了後に実施してください。

【負荷試験を省略可能】

- （変圧器などについては）電技解釈第20条に基づく温度上昇試験
- （逆変換装置については）JEC-2470（2017）に基づく温度上昇試験

が実施されており、問題ないことを工事試験結果によって確認できたものについては、現地での負荷試験を省略することができます。

b．判定基準（チェックポイント）

□① 発電設備の各装置の定格が、工事計画書どおりであるか。
□② 発電設備の各装置に異常はないか。

・届出

【基礎情報の届出（出力10kW以上50kW未満の小規模事業用電気工作物のみ）】

届出事項は、

① 設置者についての情報

氏名または名称および代表者の氏名、住所、連絡先（電話番号、メールアドレスなど）

② 設備についての情報

小規模事業用電気工作物の名称、設置場所、種類、出力

③ 保安体制について

保安監督業務担当者の氏名または名称、住所、電話番号やメールアドレス
設備の点検頻度

となっています。また、既設の設備であっても「基礎情報の項目に変更があった」「小規模事業用電気工作物に該当しなくなった（廃止を含む）」場合については、FIT認定の有無にかかわらず届出の提出が必要です。

【使用前自己確認結果の届出】

使用前自己確認を実施したら、書類や前述した各種試験による確認結果を記した「使用前自己確認結果届出書」を、管轄する各産業保安監督部に提出します。なお、提出先の産業保安監督部によっては提出書類が異なる場合もあるため、事前にホームページなどで確認をするようにしてください。

発電所を新設する場合の主な提出書類は以下のとおりです。

1．小規模事業用電気工作物設置届出書

2．使用前自己確認結果届出書

3．使用前自己確認結果届出書　別紙

4．発電所の概要を明示した地形図

5．主要設備の配置の状況を明示した平面図

6．主要設備の断面図

7．発電方式に関する説明書

8．支持物の構造図および強度計算書

※発電設備の設置場所が「砂防指定地」「地すべり防止地区」「急傾斜地崩壊危険地区」「土砂災害警戒地区」のいずれかに該当する場合のみ、添付が必要。

9．各都道府県が作成する完了通知や受理印が押された完了届出の写しまたは検査済証の写し

※「砂防法」「森林法」「地すべり等防止法」「宅地造成および特定盛土等規制法」「急傾斜地の崩壊による災害の防止に関する法律」(p.106 の判断基準を参照)の許可を受けている場合のみ、添付が必要。

　これらの提出後、受領の確認を得たうえで、太陽光発電所の運用開始となります。届出書の提出そのものは誰が行っても構いませんが、内容によっては電気主任技術者の氏名記載欄もあるため、電気主任技術者への確認をせずに届け出ることはしないようにしましょう。

4.4 使用前自主検査の試験項目／確認方法と判定基準

• 試験項目

　使用前自主検査の対象は、出力2 000 kW以上の太陽光発電設備になります。試験項目は表4-4のとおりで、使用前自己確認とそれほど大きな違いはなく、具体的な検査方法や判定基準もほぼ同じです。ただし、使用前自主検査では「(12)騒音測定」「(13)振動測定」も試験指定されています(一般的に、太陽光発電所には騒音規制法や振動規制法の法令や条例に該当する設備がないことから、使用前自己確認では対象外です)。

　また、再生可能エネルギー発電所を設置するにあたり、「再生可能エネルギー電気の利用促進に関する特別措置法」により、事前に事業計画策定ガイドラインに基づいた「再生可能エネルギー発電事業計画の認定」を受ける必要があると同時に、「事業前の工事計画書の届出(受理されてから30日経過後に工事を開始)」「使用前安全管理審査(使用前自主検査後)」も必要です。

表4-4　使用前自主検査の試験項目

（1）　外観点検(→p.100)
（2）　接地抵抗測定(→p.107)
（3）　絶縁抵抗測定(→p.108)
（4）　絶縁耐力試験(→p.110)
（5）　保護装置試験(→p.113)
（6）　遮断器関係試験(→p.115)
（7）　総合インターロック試験(→p.116)
（8）　制御電源喪失試験(→p.117)
（9）　負荷遮断試験(→p.118)
（10）　遠隔監視制御試験(→p.119)
（11）　負荷試験(出力試験)(→p.119)
（12）　騒音測定
（13）　振動測定
（14）　環境の保全についての配慮の確認(特定対象事業に係るものに限る。)
（15）　関係法令の規定の遵守の確認(→p.106)

• 確認方法と判断基準

　前述したように、使用前自主検査の試験内容は使用前自己確認とほぼ同じなため、ここでは重複していない「(12)騒音測定」「(13)振動測定」「(14)環境の保全についての配慮の

確認(特定対象事業に係るものに限る。)」について記します。これ以外の試験項目について
は、使用前自己確認における各ページ(表4-4参照)で確認してください。

(12) 騒音測定

　「工場または事業場に設置される施設のうち、著しい騒音を発生する施設で、政令で定め
るもの(騒音規制法第2条第1項に規定する特定施設)」を設置し、「住居が集合している
地域、病院または学校の周辺の地域、そのほかの騒音を防止することにより住民の生活環
境を保全する必要があると認める地域内(同法第3条第1項に規定する指定地域)」に建設
する出力2 000 kW以上の太陽光発電所で行う測定試験です。試験実施対象は少ないでしょ
う。

a．確認方法

　騒音規制法第2条第1項に規定する特定施設を設置する発電所で、同法第3条第1項に
規定する指定地域内にある太陽光発電所は、JIS Z 8731に規定されている方法で騒音レベ
ルを確認します。

b．判定基準(チェックリスト)

　□騒音規制法第4条第1項または第2項の規定による規制基準に適合しているか。

(13) 振動測定

　「工場または事業場に設置される施設のうち、著しい振動を発生する施設で、政令で定め
るもの(振動規制法第2条第1項に規定する特定施設)」を設置し、「住居が集合している地
域、病院または学校の周辺の地域、そのほかの地域で振動を防止することにより住民の生
活環境を保全する必要があると認める地域内(同法第3条第1項に規定する指定地域)」に
建設する出力2 000 kW以上の太陽光発電所で行う測定試験です。試験実施対象は少ないで
しょう。

a．確認方法

　振動規制法第2条第1項に規定する特定施設を設置する発電所で、同法第3条第1項に
規定する指定地域内にある太陽光発電所は、「特定工場などにおいて発生する振動に関する
基準」に規定されている方法で振動を測定します。

b．判定基準(チェックリスト)

　□振動規制法第4条第1項または第2項の規定による規制基準に適合しているか。

(14) 環境の保全についての配慮の確認(特定対象事業に係るものに限る。)

a．確認方法

　設置に必要となる土木工事を含む発電所や発電設備の工事が、環境影響評価法(平成9
年法律第81号)第21条第2項の環境影響評価書に従って施工されていることを、目視・図
面・工事計画書などによって確認します。

b．判定基準(チェックリスト)

　□評価書の記載事項どおりに施工されているか。

4.5 月次点検の試験項目と判定基準

・**試験項目**

　月次点検の対象は、出力50 kW以上の太陽光発電設備になります。月次点検は、主に目視による各設備の外観点検を保安規程に従って行います(表4-5)。

　なお、自家用電気工作物保安管理規程(JECA 8021-2018)では、太陽光発電設備の月次点検を「設備を停止させない状況での点検」と表記しています。点検頻度は6カ月に1回となっていますが、1回ですべての設備を点検する必要はなく、部分的に分割して点検を進め、全設備の点検が6カ月に1回以内に終了すれば問題ありません。

　また、50 kW以上5 000 kW未満の太陽光発電設備であれば、電気主任技術者を選任せず、外部委託することができます。

表4-5　月次点検の試験項目

（1）　太陽電池アレイ
①太陽電池モジュール
②コネクタ、ケーブル、電線管、接地線
③架台
④周囲の状況
（2）　接続箱(PCS内蔵型も含む)、直流集電箱
①本体
②端子台、内部機器
③過電流保護素子
④逆流防止ダイオード
⑤断路器、開閉器
⑥避雷器
⑦接地線
（3）　電力量計
①メータ
（4）　漏電遮断器、交流集電箱
①本体
②端子部
③配線
（5）　パワーコンディショナ(PCS)
①本体

②　避雷器

③　通気状態

④　端子台、内部機器

⑤　蓄電装置、UPS

（6）　データ収集装置、遠隔制御装置

①　本体

②　通信線

（7）　センサ類（日射計、気温計など）

①　本体

（8）　屋根（屋根に設置されている場合）

①　屋根葺材

②　屋根裏

③　排水路

（9）　防護柵・塀

①　フェンス

②　標識

③　入口扉

（10）　敷地

①　周囲

②　通路、点検場所

③　排水路

4 章　太陽光発電所 保守点検ガイド

・**判断基準**

（1）太陽電池アレイ

ａ．判断基準（チェックポイント）

①　太陽電池モジュール

□表面および裏面において、著しい汚れ、傷、破損がないか。

□端子箱の破損、変形がないか。

□フレームに著しい汚れ、発錆、腐食、破損、変形などがないか。

② コネクタ、ケーブル、電線管、接地線

• コネクタ

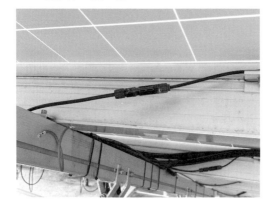

□コネクタに破損、変形、汚損、腐食がないか。

□コネクタが確実に結合されているか。

• ケーブル

□配線に著しい汚れ、発錆、腐食、破損がないか。

□配線に過剰な張力、余分な緩みがないか。

• 電線管

□電線管が正しく固定されているか。

□電線管に破損や変形、腐食がないか。

• 接地線

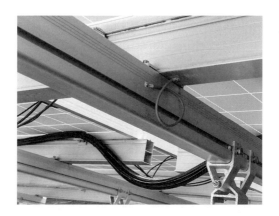

□接地線に著しい破損がないか。

□接地線が正しく接続されているか。

□接地線に緩みがないか。

③ 架台

□ボルト、ナットの緩みがないか。

□著しい基礎のひずみ、損傷、ひびなどの破損進行がないか。

□架台の変形、傷、汚れ、発錆、腐食、破損がないか。なお塩害地区の場合は、特に発錆・腐食・破損を確認すること。

□基礎の周囲に土砂流出がないか。

□杭に腐食がないか。

④ 周辺

□影、鳥などの巣、樹木、電柱などの状態が、安全や性能に著しい影響がないか。

□アレイの下の植生および動物、虫類によって、安全性や性能に著しい影響がないか。

（2）接続箱（PCS内蔵型も含む）、直流集電箱

① 本体

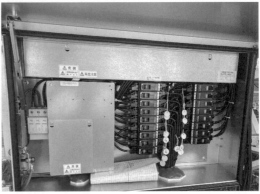

□著しい汚れ、発錆、腐食、傷、破損、変形がないか。

□外箱の固定ボルトなどに緩みがなく確実に取り付けられているか。

□扉が正常に開閉できるか。

□鍵がある場合は施錠できるか。

□内部に塵埃、雨水、虫類、小動物の侵入がないか。

□内部に著しい汚れ、発錆、腐食、傷、破損、変形がないか。

□周囲にものが置かれていないか。離隔距離は確保されているか。

□配線に著しい傷や破損がないか。

□電線管に著しい汚れ、発錆、傷、破損がないか。

□電線管が正しく固定されているか。

□小動物等侵入防止のため、配線引込口に隙間等が生じていないか。

□結束バンドの破損、外れがないか。

□コーキングなどの防水処理に異常がないか。

□雨水などの水の浸入跡がないか。

□水抜き穴などの処理が施されているか。

② 端子台、内部機器

□端子台や内部機器に緩みがないか。

□内部機器が脱落していないか。

③ 過電流保護素子（ヒューズ）

□ヒューズに破損や溶断などの異常がないか。

④ 逆流防止ダイオード

□電線との接続部にねじの緩み、破損、腐食がないか。

⑤ 断路器、開閉器

□電線との接続部にねじの緩み、破損、腐食がないか。

⑥ 避雷器

□避雷器(サージアブソーバ、SPD、バリスタなど)に、破損、動作表示がないか。

⑦ 接地線

□接地線に破損、腐食、断線、緩み、外れがなく、正しく接続されているか。

（3）電力量計

① メータ

□正常に動作しているか。

（4）漏電遮断器、交流集電箱

① 本体

□著しい汚れ、発錆、腐食、破損、変形がないか。

□絶縁ケースまたは端子部分に加熱による変形などがないか。

② 端子部

□電線との接続部にねじの緩み、破損、腐食がないか。

③ 配線

□配線に著しい傷、破損がないか。

**（5）パワーコンディショナ
　　（PCS）**

① 本体

□外箱に著しい汚れ、発錆、腐食、傷、破損、変形がないか。

□外箱の固定ボルトなどに緩みがなく確実に取り付けられているか。

□配電線に著しい傷や破損がないか。

□電線管に著しい汚れ、発錆、腐食、傷、破損がないか。

□電線管が正しく固定されているか。

□小動物等侵入防止のため、配線引込口に隙間などが生じていないか。

□結束バンドの破損、外れがないか。

□コーキングなどの防水処理に異常がないか。

□雨水など水の浸入跡がないか。

□水抜き穴などの処理が施されているか。

□運転時に異常な音、振動がない、臭い、過熱がないか。

□内部に雨水、虫類、小動物の侵入がないか。

□内部に著しい汚れ、発錆、腐食、傷、破損、変形がないか。

□PCS内外に部品の落下がないか。

□周囲にものが置かれていないか。離隔距離は確保されているか。

□総発電量がシミュレーション値と比較して、著しく少なくないか。

□表示部に発電状況の異常がないか。

□エラーメッセージ、異常を示すランプの点灯、点滅がないか。

② 避雷器

□避雷器(サージアブソーバ、SPD、バリスタなど)に異常がないか。

□動作した履歴があるか。

③ 通気状態

□通気孔をふさいでいないか。

□換気フィルタに目詰まりがないか。

④ 端子台、内部機器

□端子台、内部機器に緩み、脱落がないか。

⑤ 蓄電装置、
   無停電電源装置(UPS)

□著しい汚れ、発錆、腐食、傷、破損、変形がないか。

□運転時の異常な音、振動、臭い、過熱がないか。

□交換推奨年を過ぎていないか。

（6）データ収集装置、遠隔制御装置

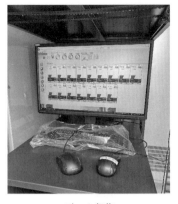

データ収集

遠隔監視装置

① 本体

　　□著しい汚れ、発錆、腐食、傷、破損、変形がないか。

　　□運転時の異常な音、振動、臭い、過熱がないか。

　　□外箱の内部に、雨水、虫類、小動物の侵入がないか。

② 通信線

　　□通信線の断線、接続端子部からの外れがないか。

（7）センサ類（日射計、気温計など）

日射計

温度計

① 本体

　　□著しい汚れ、発錆、腐食、傷、破損、変形がないか。

（8）屋根

① 屋根葺材

　　□屋根葺材に著しい破損がないか。

　　□隙間またはズレがなく収まっているか。

　　□金属屋根などに発錆がないか。

② 屋根裏

　　□野路裏、屋根裏に結露、雨漏りの痕跡がないか。

③ 排水路

  □排水路の目詰まり、経路外に水たまりがないか。

（9）防護柵・塀

① フェンス

  □著しい発錆、傷、破損、傾斜がないか。

  □近傍に植生がないか。

② 標識

  □視認性を損なう汚れ、文字の色落ち、擦れ、破損、脱落がないか。

③ 入口扉

  □扉の開閉に異常がないか。

  □鍵がある場合は、正しく施錠ができるか。

（10）敷地

① 周囲

  □鳥などの巣、樹木、電柱の状態や影によって安全性や性能に著しい影響がないか。

② 通路、点検場所

  □周囲にものが置かれていないか。離隔距離は確保されているか。

③ 排水路

  □排水路の目詰まり、経路外に水たまりがないか。

4.6 年次点検の試験項目と判定基準

・試験項目

　年次点検の対象は、出力50 kW以上の太陽光発電設備になります。年次点検は設備を停止（停電）させて、保安規程に従い測定器や試験器を用いて実施します（表4-6）。

なお、自家用電気工作物保安管理規程（JECA 8021-2018）では、太陽光発電設備の年次点検を「設備を停止させた状況での点検」と表記しており、点検頻度は原則年1回となっています。

　また、50 kW以上5 000 kW未満の太陽光発電設備であれば、電気主任技術者を選任せず、外部委託することができます。

表4-6　年次点検の試験項目

（1）太陽電池アレイ 　　① 太陽電池モジュール 　　② 接地線 　　③ 架台 （2）接続箱（PCS内蔵型も含む）、直流集電箱 　　① 本体 　　② 断路器、開閉器の開閉操作確認 　　③ 逆流防止ダイオード 　　④ 接地抵抗測定（→ p.107） 　　⑤ 絶縁抵抗測定（→ p.108） 　　⑥ 開放電圧測定 （3）漏電遮断器、交流集電箱 　　① 操作部 　　② 端子部の送電電圧測定 （4）パワーコンディショナ（PCS） 　　① 本体 　　② 接地抵抗測定（→ p.107） 　　③ 絶縁抵抗測定（→ p.108） 　　④ 運転 　　⑤ 停止 　　⑥ 停電時の動作確認および投入阻止時限タイマ動作試験

⑦ 自立運転機能試験（機能がある場合のみ）

（5） データ収集装置、遠隔監視装置

① 本体

　（2）接続箱（PCS内蔵型も含む）、直流集電箱の④接地抵抗測定、⑤絶縁抵抗測定、（4）パワーコンディショナ(PCS)の②接地抵抗測定、③絶縁抵抗測定の測定方法については、前述しているため、表4-6に示した各ページを参照してください。

・判断基準

（1）太陽電池アレイ

ａ．判断基準（チェックポイント）

① 太陽電池モジュール

　　□表面および裏面において、著しい汚れ、傷、破損がないか。

　　□表面にスネイルトレイル[1]がないか。

② 接地線

　　□接地線に著しい破損がないか。

　　□接地線に緩みがないか。

③ 架台

　　□追尾装置を使用している場合、追尾装置と太陽の方向が合っているか。

（2）接続箱(PCS内蔵型も含む)、直流集電箱

① 本体

　　□著しい汚れ、発錆、腐食、傷、破損、変形がないか。

② 断路器、開閉器

　　□確実に開閉操作ができるか。

③ 逆流防止ダイオード

　　□ダイオードにオープン・ショート故障などの異常がないか。

④ 接地抵抗測定

　　□規定の接地抵抗値以下であること。

　測定方法はp.107を参照。

⑤ 絶縁抵抗測定

　　□回路ごとに測定した絶縁抵抗値が規定の値以上であること。

　測定方法はp.108を参照。

⑥ 開放電圧測定

　　□回路ごとに測定した電圧に異常がないこと。

※1　太陽電池に生じた微小なクラックから発生する化学反応や不具合で、太陽電池モジュールの表面にかたつむりが這ったような模様が現れる現象のこと。温度や湿度の変化、通電時の負荷などが原因とされている

・測定方法

開放電圧の測定回路例を図4-10に示します。

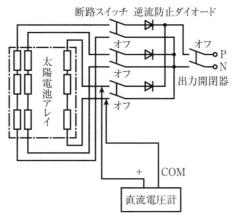

図4-10　開放電圧測定回路例

・測定順序

1) 運転を停止させる。
2) 中継端子箱(接続箱)(中継端子箱がない場合はPCS)の出力開閉器をオフにする。
3) 中継端子箱(接続箱)の各ストリングの断路器をすべてオフにする(断路器がある場合)。
4) 各太陽電池モジュールが日陰になっていないことを確認する(各モジュールが均一な日射条件になりやすい薄曇りだと評価がしやすい。ただし、朝夕の低い日射条件は避ける)。

> **注意！**
>
> 測定する際は感電防止のため絶縁手袋を装着しましょう。

5) 直流電圧計で各ストリングのP-N端子間の電圧を測定する。

> **注意！**
>
> テスタで測定する場合は必ず電圧測定レンジになっていることを確認してから測定しましょう。誤って電流測定レンジにすると、短絡電流が流れて非常に危険です。

（3）漏電遮断器、交流集電箱

① 操作部

□ハンドルが確実に操作できるか。

（4）パワーコンディショナ（PCS）

① 本体

□著しい汚れ、発錆、腐食、傷、破損、変形がないか。

② 接地抵抗測定

□規定の接地抵抗値以下であること。

測定方法は p.107 を参照。

③ 絶縁抵抗測定

□回路ごとに測定した絶縁抵抗値が規定の値以上であること。

測定方法は p.108 を参照。

④ 運転

□停止中に、運転スイッチ入で連系運転するか。

□連系運転中に、運転の表示または運転を表す表示がされているか。

⑤ 停止

□運転中に、運転スイッチ切で瞬時に停止するか。

□停止中に、停止の表示または停止を表す表示がされているか。

⑥ 停電時の動作確認および投入阻止時限タイマ動作試験

□引込口開閉器等を遮断したとき、瞬時に停止するか。

□PCSが停止したとき、規定時間後にタイマが自動復帰するか。

⑦ 自立運転機能試験（機能がある場合のみ）

□自立運転に切替えたとき、自立運転用専用端子から製造業者の指定の電圧が出力されるか。

（5）データ収集装置、遠隔監視装置

① 本体

□著しい汚れ、発錆、腐食、傷、破損、変形がないか。

□運転中に異音、振動、異臭がないか。

□通信線に断線、接続端子の外れがないか。

4.7　臨時点検／日常点検

（1）臨時点検の頻度

　主に台風や雷雨、地震といった自然災害の発生前後に、異常の有無を臨時で確認する点検です。したがって、現場の状況に応じてその都度、前述した月次・年次点検などで行う測定および試験を実施します。

　近年は、地球温暖化の影響から自然災害が頻発・激甚化しているため、「雷雨」「ゲリラ豪雨や雹などの異常気象」「梅雨時期」「台風シーズン」「降雪時」の前後における実施に加えて、週1あるいは月1回の頻度で日常的に点検（日常巡視）も行うことが、システムの異常および不具合の早期発見や安全確保につながるため、好ましいでしょう。

（2）臨時点検のポイント

　「太陽電池発電設備の電気設備に関する技術基準を定める省令」へ適合しているかの確認を、「発電用太陽電池設備の技術基準の解釈」に基づき実施します。梅雨や台風の場合は、事前に災害被害を予測することができるため、臨時点検によって被害をある程度防ぐことが可能です。また、太陽電池モジュールは光があると発電してしまい、触ると感電するおそれがあるため、災害によって破損・飛散したモジュールを取り扱う際は注意してください。

　点検のポイントは以下のとおりです。

・チェックポイント

【事前対応（＝日常点検）】

□発電量やパワーコンディショナ（PCS）の運転状態に問題はないか。

□発電所や設備周辺の樹木や雑草などの状態が安全で、発電性能に影響はないか。

□排水路が目詰まりをしていないか。

□モジュール表面に著しい汚れ、傷および破損はないか。

□モジュールのフレームに破損や変形はないか。

□「太陽電池発電設備の電気設備に関する技術基準を定める省令」へ適合しているか。

　□①太陽光発電設備の架台・基礎などに、構造や強度に影響する錆や破損、接合部の緩みがなく、必要な強度を有しているか。

　□②モジュールと架台の接合部に緩みや錆、破損がないか。

　□③電力ケーブルやケーブルラックに、緩みや破損がないか。

　□④柵や塀、遠隔監視装置などが健全な状態に維持されており、標識の文字の色落ちなど視認性が損なわれていないか。

　□⑤配線のたるみはないか。

□キュービクルやPCS、集電箱などの筐体に問題はないか。

　　□①腐食や錆などがなく、雨水や小動物が入り込む隙間がないか。

　　□②換気フィルタに目詰まりがなく、通気状態が良好か。

　　□③異常な音、振動、臭い、過熱がないか。

　　□④扉のハンドル部分のネジが緩んでいないか。点検後に扉を閉じ、施錠をしたか。

□基礎のコンクリートの増し打ち、基礎・架台・モジュールの接合部補強などの飛散被害を防止する対策は十分か。

【事後対応】

□発電所や設備の周囲で、土砂崩れや河川の氾濫などの被害が起こっていないか。

□架台が変形していないか。

□モジュールの飛散や表面に著しい汚れや破損はないか。

　　□①(破損モジュールを取り扱う際に)ゴム手袋、ゴム長靴を着用したか。

　　□②(破損モジュールを処理する際に)ブルーシートなどで覆って遮へい、あるいはモジュール表面を下に向けたか。

□接続コネクタが破損・焼損していないか。

□接続箱や集電箱の内部に異常はないか。

□PCSは正常に作動しているか。

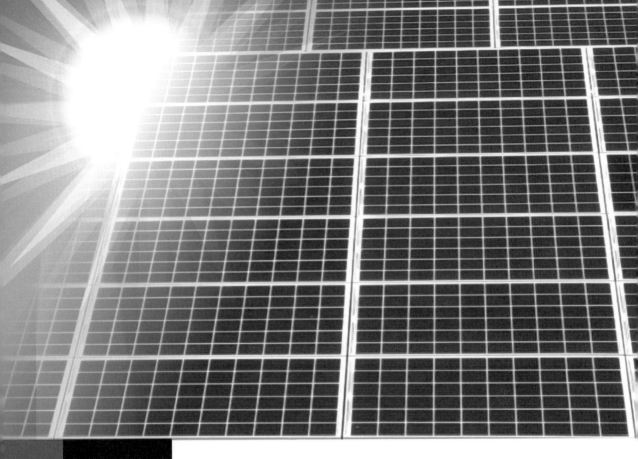

5章

**太陽光発電所
トラブル事例**

　2012年にスタートした固定価格買取制度（FIT）から十数年が経過し、多くの発電所で、経年とともに機器の故障などが増加しています。また、トラブルの原因は経年劣化によるものだけでなく、地震や地球温暖化の影響から激甚・頻発化する台風・豪雨などの自然災害や小動物など多岐にわたります。

　本章では、北海道から種子島に至る約500件を超える太陽光発電所の保守点検を行うなかで発生した事故事例について、原因から再発防止対策まで、機器別に詳しく紹介します。

5.1 事故報告

　太陽光発電設備の設置件数が増加するのと同時に、社会的に大きな影響を及ぼす事故や後述する太陽電池モジュールの飛散や支持物倒壊などのトラブル（5.2章）も顕在化し始めました。特に、太陽光発電設備は屋外に設置されているものが多いため環境の影響を受けやすく、「安全の確保」が課題となっています。そのため、事故原因の究明（内容分析）や類似事故の再発防止対策を講じるための情報収集を目的に、事業用電気工作物の設置者には「事故報告」が義務づけられています。

（1）電気関係報告規則に基づく事故報告（図5-1）

　電気関係報告規則第3条に基づき、自家用電気工作物（出力50kW以上の設備）の設置者は、当該電気工作物で「**感電などによる死傷事故**」「**電気火災事故**」「**ほかの物件への損傷事故**」「**主要電気工作物の破損事故**」「**波及事故**」「**社会的に影響を及ぼした事故**」などが発生した場合、経済産業大臣または電気工作物の設置の場所を管轄する産業保安監督部長に事故報告を行わなければなりません。具体的には、同規則第3条第2項より、事故を知ったときから、24時間以内に可能な限り速やかに電話などの方法によって「事故の発生日時・場所」「事故が発生した電気工作物ならびに事故の概要」の報告（速報）、30日以内に「詳細に関する報告書」を提出（詳報）し、事故報告を行う必要があります（図5-2）。ただし、波及事故の原因が自然現象（雷、風雨、氷雪、地震、水害、山崩れ・雪崩、塩・ちり・ガス）に起因する場合は、詳報の提出は必要ありません（速報は必須）。

　また、小規模事業用電気工作物（出力10kW以上50kW未満の設備）も、2021年（令和3年）4月1日から事故報告が義務化されています。したがって、同規則第3条の2に基づき、小規模事業用電気工作物を設置する者は、当該電気工作物で「**感電などによる死傷事故**」「**電気火災事故**」「**ほかの物件への損傷事故**」「**主要電気工作物の破損事故**」が発生したとき、小規模事業用電気工作物の設置の場所を管轄する産業保安監督部長に事故報告を行わなければなりません。ただし、4項目のうちの2つ以上に該当し、報告先の産業保安監督部長が異なる事故については、経済産業大臣に報告する必要があります。

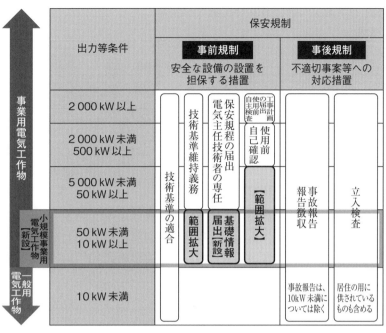

図5-1 太陽光発電設備の保安規制

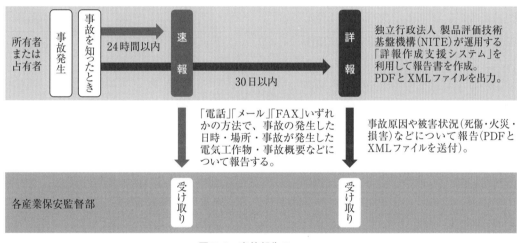

図5-2 事故報告のフロー

（2）事故報告の対象となる主な電気事故

① 感電などによる死傷事故

　事業用電気工作物が設置されている事業場内で、充電している電気工作物や漏電箇所などへ接触したことによる感電や、電気工作物の破損やヒューマンエラーなどに起因する誤った操作によって、人が死傷（死亡または病院や診療所に入院）した事故です。電撃によるショックで心臓麻痺を起こしたり、体の自由

を失って高所から墜落した場合もこれに含まれます。

② 電気火災事故

事業用電気工作物が設置されている事業場内で、モジュールなどの設備や配線といった電気工作物に漏電や短絡などの電気的異常が発生して火災に至り、それによる工作物[1]（建物については延床面積）の損壊程度が半焼（20%以上70%未満）以上の事故です。損壊程

度が定かでなく、判断に迷う場合は、消防署の判断を仰ぐようにしてください。

なお、電気工作物自体の火災である場合は、それが電気工作物自体の欠陥に起因する発火であったとしても電気火災事故としては扱わず、「主要電気工作物の破損事故」として扱われます。

③ ほかの物件への損傷事故

モジュールなどの電気工作物の破損や、操作員のヒューマンエラーによる誤った操作によって、第三者の物件に本体の機能を損なわせるほどの損傷や喪失を与えた事故です。例えば、「モジュールまたは架台などが構外へ飛散

した」「電気工作物の破損などに伴う土砂崩れなどによる道路などの閉塞、交通の著しい阻害」といったケースが挙げられます。

④ 主要電気工作物の破損事故

表5-1に示す主要電気工作物の変形、損傷もしくは破壊、火災または絶縁劣化、絶縁破壊が原因で当該電気工作物の機能が低下または喪失し、運転停止または使用が不可能となった事故です。

例えば、運転停止状態としては「落雷による太陽電池または付属設備の焼損」「逆変換装置などの損傷に伴う運転停止」が、使用が不可能な状態としては「モジュールの半壊（20%以上の破損）」「水没による主要電気工作物の損傷に起因する停止」が該当します。また、この事故の対象外となる例としては、「停止に伴う点検中に不具合が発生した場合」「運転中の電気工作物に機能低下が認められたが、補修によって機能を回復可能な場合」が挙げられます。

※1　人工的に製作し、地上・地中・水上または水中に設置したもの

波及事故と異なり、自然現象に起因する事故であっても、速報と詳報の両方の提出が必要なので注意してください。

表5-1 「主要電気工作物を構成する設備を定める告示（平成28年経済産業省告示第238号）」における該当設備

太陽光発電設備	
個別設備	太陽電池モジュールおよび支持物（出力10 kW以上50 kW未満） 逆変換装置（容量10 kV・A以上）
共通設備	変圧器、負荷時電圧調整器、負荷時電圧位相調整器、調相機、電力用コンデンサ、分路リアクトル、限流リアクトル、周波数変換器、整流機器、遮断器

⑤ 波及事故

自家用電気工作物の破損や誤った操作、操作しないことが原因で電力会社の配電線を停止（供給支障）させて、広範囲に長時間の停電を引き起こす事故です。波及事故が発生すると、停電によって近隣の交通網や医療機関が麻痺し、また他社工場の生産・商業活動も停止するため、人命・社会経済に対して大きな影響を及ぼしてしまいます。なかには損害賠償を請求されるケースもあります。

なお、電力会社側の自動再閉路が成功した場合は事故報告の対象外、（前述しましたが）自然現象に起因する事故の場合は詳報の報告対象外（速報は必要）となります。ただしこの際、自然現象に起因する事故であることの確認をするために、電気主任技術者による見解書の提出が必要となるので注意してください。

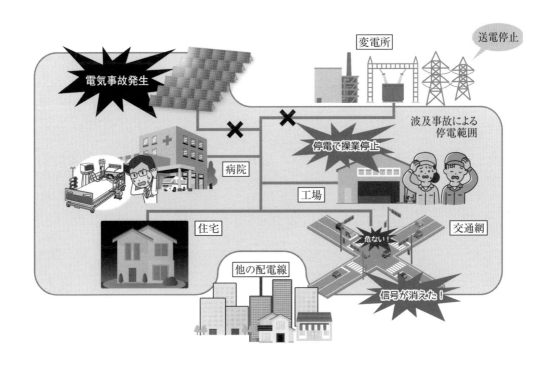

⑥ 社会的に影響を及ぼした事故

　電気関係報告規則第3条第1項第一号から第十二号までの電気事故に該当しない電気工作物にかかわる事故で、社会的に影響を及ぼしたものがこれに該当します。「社会的に影響を及ぼした事故」は多様で、そのときの周囲の状況や社会的情勢に左右させる可能性もありますが、例えば「大多数の家屋や工作物などに著しい被害を与えた事故」「交通機関に影響を与えて、社会的な混乱や不安を生じさせた事故」が該当します。

　何らかの被害に関する情報が得られた場合は、積極的に被害の状況や原因を調査し、時系列を含めて関連性を明確にしておくことが重要です。

5.2 太陽電池モジュール関連のトラブル

（1）自然に起因するトラブル／事故

■ ケース1：暴風による太陽電池モジュールの飛散

　台風が通過した直後の臨時点検で、モジュールが飛散しているのを発見しました（写真5-1）。後日、飛散して損傷したモジュールを交換しました。

写真5-1　強風により飛散・変形したモジュール

原因

　長年の振動などによって緩んでいたモジュールと架台の接続部の六角ボルトが、台風の強い風圧によって外れ、飛散につながったと推測されます（写真5-2、3）。

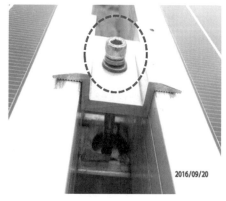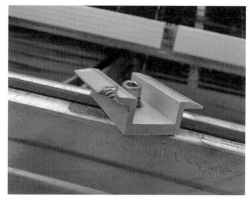

写真5-2　六角ボルトの緩みが原因　　　　写真5-3　ボルトの緩みによってずれた金具

対策

　点検時に、接続部のボルトが緩んでいないかすべて確認し、浮いている場合は確認次第、増し締めすることが有効です。

■ ケース２：太陽電池モジュール内への水分浸入による地絡異常

　山口県にある太陽光発電所で、直流側における低絶縁抵抗の警報が頻繁に発報され、パワーコンディショナ（PCS）が停止する不具合が発生しました。朝露の影響とは考えにくかったため、すぐに現地確認および該当箇所の特定を行ったところ、表面ガラスが割れているモジュールで絶縁抵抗値が低下していることがわかりました（写真5-4）。当該モジュールについては、前々から破損していることを認識していましたが、その時点では開放電圧および動作電流が正常であったため、経過観察として発電を継続させていました。

　応急処置として、当該モジュールを回路から切り離しました。これによって、低絶縁抵抗の警報は発生しなくなったため、PCSを起動させました。破損したモジュールは、後日、新しいものと交換しました。

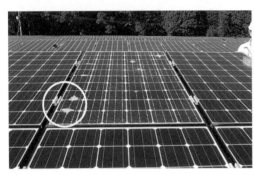
モジュール（全景）

破損部分（拡大）

写真5-4　破損したモジュール

原因

　破損したモジュールの表面ガラスの隙間から水分が浸入したことで、絶縁抵抗が低下したと考えられます。

対策

　破損したモジュールを発見した際には、開放電圧や動作電流、絶縁抵抗などの確認をしたうえで、早めに回路からの切り離しや交換を実施し、地絡などの二次被害が発生しないように対処することが大切です。

■ ケース３：落雷による太陽電池モジュールの焼損

山口県にある太陽光発電所の監視システムから、過電流の警報が発報されました。現地確認を行ったところ、モジュールおよび周辺の草や防草シートが広範囲にわたって焼損しているのを発見しました（写真5-5〜7）。

すぐに該当回路のブレーカをオフにし、後日、焼損した設備の交換を行いました。

写真5-5　焦げたモジュールおよび
ジャンクションボックス

写真5-6　草の燃焼痕

写真5-7　焼損し、散乱した防草シート

原因

誘導雷による雷害の可能性が考えられます。誘導雷は、電荷を帯びた雷雲が接近することで、静電誘導により雲下に逆極性の電荷が誘導されます。近傍へ落雷することで、急速に電荷が放電され、その周辺にあるケーブルなどを伝って電気設備内に入り込み、絶縁を破壊し故障させます。また、それによって草木も燃焼することがあります。

対策

誘導雷の発生自体を防ぐことは難しいのが現状です。しかし、避雷器を適切な場所に設置することで、誘導雷による電気事故を防ぐことはできます。また、雷雨の後は、可能な限り早急に現場の確認をすることが有効です。

■ ケース４：落雷による太陽電池モジュールおよびジャンクションボックスの焼損

　岡山県にある太陽光発電所で、モジュール11枚とジャンクションボックスが焼損する事故が発生しました。モジュール以外に異常箇所が見受けられなかったため、焼損したモジュールを交換し、発電を再開させました（写真5-8）。

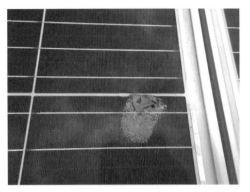

表面　　　　　　　　　　　　　　　　　　　　　裏面

写真5-8　焼損したモジュール

原因

　焼損したモジュールが特定の箇所に集中していたことから、その付近に雷が落ち、瞬間的に大電流が流れたと考えられます。

対策

　直接、モジュールに落雷しないように、避雷針を設置するなどするとよいでしょう。

■ ケース５：落下物による太陽電池モジュールの損傷

　連系運転を開始して２年が経過したメガソーラーで、モジュールの外観点検を行ったところ、表面ガラスの損傷を発見しました（写真5-9）。発電に影響が出ていないか確認したうえで、焼損しないように必要に応じてバイパス処理を行い、後日、新品と交換し、正常に稼働していることを確認しました。

落下物の痕跡

写真5-9　外的衝撃でひび割れ、損傷したモジュール

損傷の原因としては、

① 強風により飛来物がモジュールの表面に衝突した。

② 鳥類が石などを落とした（鳥類が多く生息する地域の発電所では、同様の被害が1年間で10件あったケースもあります。写真5-10）

ことなどが考えられます。

写真5-10　カラスが落とした牡蠣の殻

対策

太陽光発電所の建設計画段階から、周辺に風などによって飛来してくる物がない場所や、周辺に木々がなく、鳥類が少ない地域を選定しておくことが重要です。また、稼働後に被害がある場合は、「柵や塀を設ける」「（落下・飛来物とならないように）周辺に物を放置しない」「クラッカーや花火といった音が鳴る機器で鳥類を追い払う」などが対策として挙げられます。

■ ケース6：汚損による発電量の低下

ある倉庫の屋根に設置したモジュールをI-Vチェッカで調査したところ、発電量が低下していることが判明しました。また、サーモグラフィによってホットスポットも発見しました（写真5-11、12）。そこで、モジュールを洗浄して表面の汚れを除去しました。

写真5-11　汚損状況

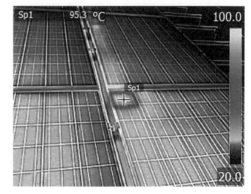

写真5-12　サーモグラフィの画像

発電量が低下した原因としては、モジュールの表面が砂埃などで汚れ、モジュールに注ぐ日射量が減少したことが挙げられます（写真5-13）。また、ホットスポットが発生したのも、砂埃などの汚れが雨や風によってモジュールの隅に集中したことが原因です。

写真5-13　鳥類のフンも発電量の低下を招く

これらはモジュール表面の汚れを洗浄除去することで解消され、発電効率も改善します（写真5-14）。定期的にモジュール表面の汚損状況を確認し、必要に応じて洗浄を実施するなど、早い段階での汚損の除去が望ましいです。また、モジュール表面にコーティング処理を行うといった、汚損しにくい加工を施すのも有効です。

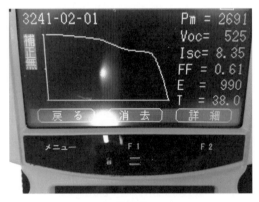

洗浄前　　　　　　　　　　　　　　　　　　　　洗浄後

写真5-14　I-Vチェッカの測定結果

（2）劣化に起因するトラブル／事故

■ ケース1：ジョイント部分の絶縁劣化

大型の台風が接近していた夏のある日、長崎県の離島で2018年4月に連系運転を開始した受電電圧66 kV、最大出力5 MWのメガソーラーにおいて、3台設置されている1.666 MWのPCSから、直流地絡の警報が発報されました。

台風が去ってから数時間後には、警報は復旧しましたが、技術員が現地に出動して調査した結果、絶縁抵抗は正常でした。

原因

　モジュール（直流電路側）のジョイントコネクタ部分が絶縁劣化しており、直流地絡が発生したと考えられます。

対策

　ジョイントコネクタ部分を地面から浮かし、沿面距離を長くすることが有効です（写真5-15）。

写真5-15　モジュールのコネクタ接続部

■ ケース2：コネクタの劣化による直流地絡事故

　モジュール側で、直流地絡事故が発生しました。現場で確認したところ、コネクタの劣化によって架台との間で地絡が生じたと推測されました。そこで、コネクタを新品に交換し、架台フレームの外側に出して復旧させました。

原因

　コネクタが架台のフレーム内に入っていたため、フレーム内に水がたまることでコネクタが劣化し、地絡を引き起こしたと考えられます（写真5-16）。

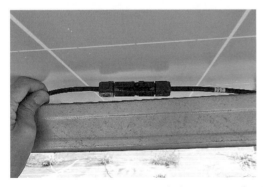 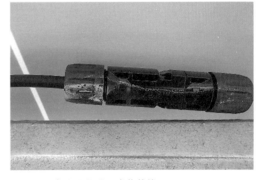

写真5-16　架台のフレーム内に入っていたコネクタとその劣化状態

対策

　コネクタを架台のフレーム内に入れず、外側で固定することでトラブルを防ぐことができます（写真5-17）。

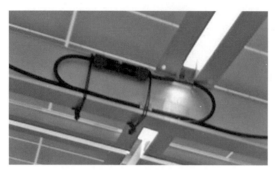

写真5-17　フレーム側面にコネクタを固定

■ ケース3：水上太陽光発電所における電気事故

2018年4月のある晴れた日に、とある水上太陽光発電所の1台のPCSから直流地絡の警報が発報されました。それに続いて、直流過電流の警報も発報されたため、すぐに現地で確認を行ったところ、モジュールおよび周辺設備が焼損し、その一部が水没しているのを発見しました（写真5-18、19）。また、該当PCSの直流側および集電箱の配線用遮断器（MCCB）はトリップ状態になっていました。

取り急ぎ、安全を確保するために被害箇所に該当する集電箱および接続箱の回路のブレーカをオフにし、周辺回路の絶縁測定などを行い、安全を確認したうえで、PCSを連系運転しました。また後日、損傷した部材の撤去・交換を行い、全回路のブレーカをオンにして発電を再開させました。

写真5-18　水没したフロートおよびモジュール

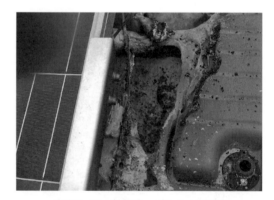

写真5-19　焼損ケーブルからの延焼

原因

モジュールの接続コネクタが接触不良により過熱、焼損、溶断したことが発端となり、並行して敷設されていた幹線ケーブルの保護管であるFEP管（硬質ポリエチレン管）も焼損したために、幹線ケーブルの線間短絡を引き起こしたものと推測されます（写真5-20、21）。

写真5-20　焼損した幹線ケーブル

写真5-21　焼損してむき出しになった心線

対策

　接続コネクタと並行している保護管の離隔を確保し、コネクタを水没しない箇所や容易に目視確認ができる所に支持固定するのが有効です。

（3）人為ミスが原因のトラブル／事故

■ ケース1：太陽電池モジュールの出力低下

　連系運転を開始して4年が経過した太陽光発電所の巡回点検を行っていたところ、モジュールの開放電圧が10 V程度低下しており、出力低下を起こしているのを発見しました（写真5-22）。

　新しいモジュールと交換し、正常に出力・発電していることを確認しました。

写真5-22　開放電圧の低下

原因

　モジュールを調査した結果、セル間の接続部におけるハンダ付け不良によって断線し、バイパスダイオードが動作していたことで出力低下を起こしたと判明しました（図5-3）。

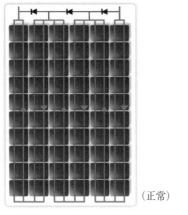
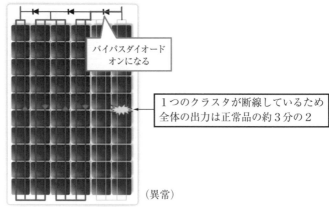

（正常）　　　　　　　　　　　　　（異常）

バイパスダイオード
オンになる

1つのクラスタが断線しているため
全体の出力は正常品の約3分の2

図5-3　モジュールの回路イメージ

対策

　動作電流の低下やモジュール裏面が焼損した際も、出力低下を起こしている可能性があります（写真5-23）。モジュールの納入後に、このような断線を予防することは難しいですが、定期的にストリングの開放電圧や動作電流の測定、目視による焼損痕の確認を行うことで早期に発見することは可能です。

　また、セルラインチェッカによるクラスタ断線の有無を確認することも有効です（写真5-24）。

写真5-23　モジュール裏面の焼損（例）

送信部　　　　　　　　　　受信部

写真5-24　セルラインチェッカ

■ ケース2：雑草による発電量の低下

　連系運転を開始して1年が経過した発電所で、6月中旬ごろから雑草が急激に伸びてモジュールに影をつくり、発電量の低下やホットスポットを発生させていました。すぐに除草を行い、正常に発電していることを確認しました（写真5-25）。

除草前 除草後

写真5-25　発電所構内の雑草の状況

原因

　発電所構内の雑草の管理を怠り、発電に影響が出るまで繁茂させてしまったことが原因です。

対策

　除草の年間計画を立案するとともに、監視カメラや巡回点検時に発電所構内の雑草の状態をチェックし、早い段階で除草を実施できる体制づくりが大切です。

■ ケース3：電気工事の際の施工ミスによる接続不良

　ある晴れた秋の日、宮崎県にある最大出力2MWのメガソーラー発電所に設置されているPCSが、重故障の警報を発報後、直流過電圧によって停止しました（写真5-26）。電気主任技術者が各ストリングの電圧を測定した結果、1ストリングにだけ、ほかのストリングと比べて1.5倍の電圧が発生していました。

写真5-26　宮崎県の当該発電所

当該発電所は、設計上では1ストリングはモジュール14枚が直列接続となっているはずでした。実際にほとんどは14枚直列だったものの、場所によって21枚直列と7枚直列に接続されている箇所を発見しました（図5-4、5）。この21枚直列のストリングで、日射量が多い状態のときに過電圧が発生したと考えられます。

過去の工事履歴を確認したところ、数カ月前に当該ストリングの設置箇所周辺で地盤沈下が発生しており、その際の電気工事による施工ミスと推測されます（写真5-27）。

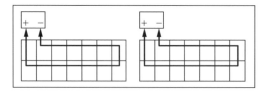

図5-4　14枚直列配置（正しい配置）

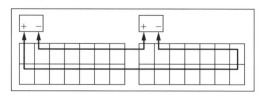

図5-5　21枚と7枚直列配置（施工ミス）

写真5-27　架台下の地盤沈下

対策

電気工事の際に配線ミスをしないように、改造工事前には図面の作成および手順の確認が必要です。また、工事後の使用前自己確認の際には、接続などの十分な検証を行うことが重要です。

156

5.3　接続箱、集電箱、ケーブル関連のトラブル

（1）自然に起因するトラブル／事故

■ ケース1：落雷による火災

　2017年6月上旬の夕方、とある特高のメガソーラーで、落雷による火災が発生しました。接続箱やケーブル、太陽電池モジュールなどが焼損し、その周辺に生えていた雑草の一部も焦げていましたが、幸いなことに火は発電所周囲の森林にまで至らず、大規模な延焼にはなりませんでした（写真5-28、29）。

　発見後、すぐに接続箱とモジュールを切り離し、後日、損傷したすべての設備を交換して正常に発電していることを確認して、復旧させました。

写真5-28　発電所構内の雑草に燃え広がり、受電設備付近にまで延焼

写真5-29　焼損した接続箱の外観と内部状態

落雷から火災に至った流れとしては、以下が考えられます。

① 落雷によって発電所付近の木が燃え、その火が発電所構内に放置していた刈り取った後の乾燥した雑草に飛び火した。

② 落雷により、接続箱内のダイオードに高電圧サージが印加されたことで短絡故障が発生して高熱となり、火災に発展した（ケーブルの被覆が焼け、雑草に飛び火）。

③ 誘導雷により、刈り取った後の乾燥した雑草に飛び火。

対策

同様の事故を起こさないためには、雷雲が去った後に、発煙や出火がないことを確認することが重要です。また、発電所の上方に架空地線を張りめぐらす方法も一案ですが、直撃雷に対しては、避雷針を適切な場所に設置することが有効です。

■ ケース2：誘導雷による集電箱内の配線用遮断器（MCCB）のトリップ

遠隔監視システムで各メガソーラーの発電状態をチェックしていたところ、ある発電所のパワーコンディショナ（PCS）1台の出力電力量がほかと比較して10%ほど低くなっていることを確認しました。なお、この発電所では、PCS 1台につき10台の配線用遮断器（MCCB）が接続されているため、MCCB 1台でPCSへの入力の10%を担っていることになります。

当該PCSについて詳しく調べたところ、直流の入力電流値が低くなっており、直流電路中の断線や影による影響が疑われました。そこで、現地に急行して直流電路を調査した結果、集電箱内にある定格250 AのMCCB 1台がトリップ状態となっているとわかりました（写真5-30）。トリップしていたMCCBの電路において、絶縁抵抗測定、開放電圧測定および目視点検を実施し、異常がないことを確認後、MCCBを再投入しました。また再投入後、トリップが再発することはありませんでした。

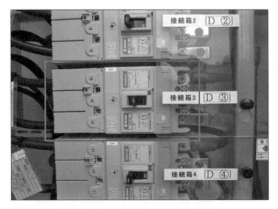

写真5-30　MCCBのトリップ状態

本件が起こる数日前の雷雨によって、モジュールなどから500 A程度のサージ電流が発生し、それをMCCBが検知してトリップしたと推測しました。

原因

自然現象により発生したトラブルに関しては、事前対策が難しいのが現状です。しかし、発電設備を日常的に監視し、少しでも異常が疑われるときは迅速に対応することで、発電ロスを最小限に抑えることは可能です。

■ ケース3：小動物による直流ケーブルの損傷

三重県にある太陽光発電所で発電状態の確認をしていたところ、PCS 1 台の出力が 0 kW になっていることが判明しました。現地調査の結果、ケーブルラックに敷設してある直流ケーブルの外装被膜が損傷しているのを発見しました（写真5-31）。

損傷部分を絶縁テープで処理して、復旧することができました（写真5-32）。

写真5-31　かじられて損傷したケーブル

写真5-32　絶縁テープによる処理

原因

ケーブルの損傷箇所にかじられた跡があったことから、ケーブルラック内に小動物が侵入し、ケーブルをかじったと考えられます。

対策

小動物がケーブルラック内に侵入しないように、開口部や侵入口をパテなどで閉鎖するのが有効です。

（2）劣化に起因するトラブル／事故

■ ケース1：接続箱の焼損

ある太陽光発電所の巡回点検時に、焼損している接続箱を発見しました（写真5-33）。後日、接続箱とケーブル類を新品に交換したところ、正常に復旧しました。

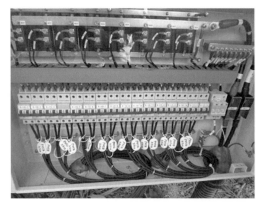
正常な状態

焼損した状態

焼損部分の拡大

写真5-33　接続箱内の状況

原因

　経年によって接続箱自体に穴が開いたり、ケーブル挿入部のパテが劣化し、底部に汚れや水が浸入・蓄積したことで、接続箱内のブレーカが絶縁不良を起こして短絡し、焼損に至ったと考えられます（**写真5-34**）。

写真5-34　底部が汚損

事前対策として、「巡回点検時などで、定期的に接続箱内を清掃」「ケーブルの挿入部にパテの脱落や穴があれば、補充または交換を実施」という2点が有効です。

（3）人為ミスが原因のトラブル／事故

■ ケース1：草刈り時のケーブル切断

ある太陽光発電所の遠隔監視システムの画面を確認していたところ、PCSのストリングNo.1～3の電流値が「0」になっていることを発見しました（写真5-35）。電流値が「0」になった日の状況を確認したところ、発電所構内で除草（草刈り）が行われていたことが判明しました。すぐに現場を確認したところ、当該ストリングのケーブルが数カ所切断されていたため、再度敷設を行い、正常に発電していることを確認しました。

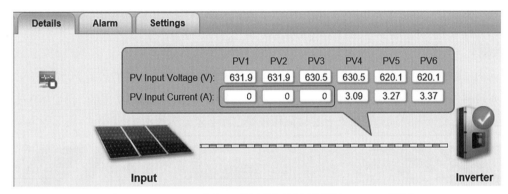

写真5-35　ストリングごとの発電量表示（遠隔監視システムの画面）

原因

除草作業中に誤って、草刈り機の金属製ブレードがケーブルに接触し、切断したことが原因です（写真5-36）。

写真5-36　切断されたケーブル

対策

　草刈りをする際は、架台周辺などのケーブルが近くにあるところでは金属製のブレードではなくナイロンコードを使用すること。また、草刈りを協力業者に依頼する場合は、事前にケーブルを切断するリスクと切断による結果事象についてしっかりと伝えておく必要があります。

　なお、敷設工事に日数を要する場合は、応急処置として切断部分をコネクタで接続して発電を確保するとよいでしょう。

　電流値に異常があった際は、まず「ケーブルの切断」に着目することが、迅速な問題解決につながる可能性が高いといえます。

■ ケース２：高圧ケーブル（構内配電線路）の地絡

　高圧受電設備を複数設置している太陽光発電所で、突如、地絡方向継電器（DGR）が動作しました。構内は全停電となり、500 kW × 3台と250 kW × 1台のPCSが停止しました。

　調査の結果、構内の高圧ケーブルで地絡が発生していました。

原因

　構内に防草シートを張った際に、シートを固定するための金具（鉄製のピン）が高圧ケーブルに刺さり、それが原因で地絡が発生しました（写真5-37）。絶縁状態は、刺した直後こそ良好でしたが、時間の経過とともに絶縁破壊したと考えられます。

写真5-37　地絡箇所（ピンがケーブルに刺さっている）

対策

　これは、高圧ケーブルの「埋設深さが浅かった」「埋設位置を確認しないでピンを打ち込んだ」という人為的ミスが重なったケースです。これを防ぐためには、高圧ケーブル埋設標を設置するとともに、何か行う際は事前に図面などを確認することが重要です。

■ ケース３：直流電線路の地絡

　雨の日、あるPCSが直流地絡の検出と復帰を繰り返していました（写真5-38）。集電箱から接続箱までのケーブル（CDV60 sq、約100 m）を交換したところ、直流地絡は発生しなくなりました。

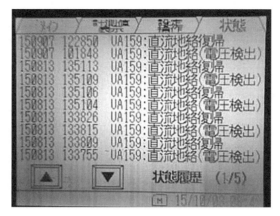

写真5-38　PCSの状態履歴

原因

　調査の結果、防草シートの固定金具（ピン）がエフレックス（FEP）保護管を貫通し、内部のケーブルを傷つけていたと判明しました（写真5-39）。

写真5-39　ピンで損傷したケーブル

対策

　これも前述のケース2と同様に、人為的ミスが重なったケースです。したがって、ケーブル埋設標の設置などが有効な再発防止策となります。

5.4 パワーコンディショナ(PCS)関連のトラブル

（1）自然に起因するトラブル／事故

■ ケース1：落雷によるパワーコンディショナ(PCS)内の基板の破損

広島県にある2017年3月に連系運転を開始した発電所において、特定の分散型PCSから停止警報が発報されました。現場に駆けつけたところ、変形した当該PCSが停止していました。

調査の結果、PCSの出力側の絶縁が低下しており、正面カバーを取り外したところ、基板上の部品に焼損が確認されました(写真5-40)。後日、PCS本体を交換しました。

写真5-40　変形した分散型PCSと焼損した部品

原因

警報が発報された日は、晴れてはいましたが、近隣で雷鳴があったとの情報もありました。したがって、落雷によってPCSに大電流が流れて焼損したと推定されます。また、PCSの密閉構造と焼損による熱によって、PCSの内部空気が膨張して破裂し、外観上の変形が生じたものと考えられます。

対策

発電所の上方に架空地線を張り巡らす方法も一案です。架空地線を設置することで直撃雷が太陽光発電設備に落ちるのを防いだり、誘導雷による影響を低減することができます。加えて、直撃雷に対しては、避雷針を適切な場所に設置することが有効です。

■ ケース2：落雷による継電器作動信号入力用のインターフェース基板の損傷

佐賀県にある太陽光発電所で、地絡過電圧継電器(OVGR)の動作試験を実施したところ、4台あるPCSのうち1台だけ停止しないという事象が発生しました(写真5-41)。現地調査の結果、継電器作動信号入力用のインターフェース基板が損傷していることが判明したため、これを交換したところ問題は解消しました(写真5-42)。

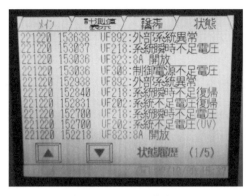

写真5-41　PCSの状態履歴

写真5-42　インターフェース基板の取付場所

原因

　落雷によって雷サージが発生し、内部基板が故障したと考えられます。

対策

　年次点検といった定期的な点検で、動作確認をすることが望ましいです。

■ ケース3：落雷による接地コンデンサの故障

　佐賀県にある太陽光発電所から、地絡警報が発報されました。現場へ行き、PCSを起動させようとしましたができなかったため、調査を行ったところ、地絡検知を目的に交流側に設置していた接地コンデンサの1極に地絡故障が生じていることが判明しました（写真5-43）。そこで、一時的に接地コンデンサを取り外すことでPCSを起動して仮復旧を行い、後日、接地コンデンサを新品と交換しました。

写真5-43　故障した接地コンデンサと地絡故障

原因

　このとき、日射計や温度計などの気象観測器も破損していたため、これらの故障は落雷によるものと推測されます。なお、接地コンデンサは放電されずに電荷が残っていることがあるため、取り扱う際は感電しないように注意が必要です。

対策

　架空地線を設置することで直撃雷が太陽光発電設備に落ちるのを防いだり、誘導雷によ

る影響を低減することができるため、太陽光発電所の上方に架空地線を張り巡らすとよい
でしょう。また、直撃雷に対しては、避雷針を適切な場所に設置することも有効策となり
ます。

■ ケース4：避雷器(SPD)の不具合による警報の頻発

　山口県にある太陽光発電所において、頻繁に軽故障(DI5)の警報が発報されるようにな
りました。通常、設備に異常があると、キュービクルまたはPCS収納盤に設置されている
マルチメータからRS-485[1]を介して信号が送られ、それを監視装置が受信して警報を発
報します。

　そこで、RS-485を介した信号の状態を確認したところ、通常はモニタ機器において緑ラ
ンプが点滅しているはずの箇所が赤く点滅していたため、その箇所の詳細調査を行いまし
た。その結果、PCS収納盤内に取り付けられたSPDと呼ばれる雷害に対する保護装置の故
障が判明しました(写真5-44)。SPDを交換することでモニタ部のランプは正常の緑ラン
プが点滅するようになり、警報の発報もなくなりました。

写真5-44　故障していたSPD

原因

　故障したSPDに、外観上の異常箇所が見られなかったことから、落雷などによって、内
部が損傷したのではないかと思われます。

対策

　予防策を講じることは大変難しいのが現状です。あらかじめ予備品を準備しておき、早
期に改修できる体制が望ましいです。

■ ケース5：通信異常によるPCSの停止

　九州にある太陽光発電所において、4台のPCSのうちの1台から、夜の22時に通信指令
タイムアウトの警報が発報されました。翌日の日の出後に、遠隔監視システム(近計シス
テム)を介してPCSの状況を確認したところ、ある1台のPCSが「運転」状態であるにも

※1　信頼性の高いシリアル通信規格で、電気ノイズのある環境での長距離データ転送に適している。

かかわらず、出力が「0kW」と表示されていました（写真5-45）。本来、監視システムでPCSの運転状態は、

　運転　……　PCSが正常運転している状態

　N/A　……　PCSが異常停止している状態

　待機　……　日射がなく、運転を待機している状態（基本的に、夜間の状態表示）

と表されます。したがって、異常停止しているのであれば「N/A」と表示されるはずですが、4台のPCSすべてが「運転」と表示されており、しかも1台だけが発電していないという状況でした。

　すぐに現地確認をしたところ、やはり1台のPCSが停止していたため、リセット操作および制御電源の切り入りをすることで復旧操作を行いました。

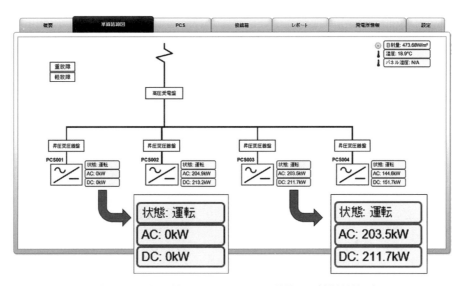

写真5-45　遠隔監視システム上のPCS稼働画面（単線結線図）

原因

　PCSが停止したのは、通信異常を検知して安全装置が動作したためと判明しました。本事例の場合は、九州電力送配電とPCS（出力制御装置）間で「通信異常が300秒経過するとPCSを停止させる」という設定になっていたため、それに従って安全装置が動作していました。

　この設定は、電力会社からの指示によって出力制御が必要になった際に、通信異常により指令が現地の発電所に届かず、PCSが出力制御を行わないという事態を防ぐための対策として設けられています。今回の場合、4台あるPCSのうちの1台だけ、通信状態が悪かったため、その1台だけが停止するという事態を招いていました。

対策

　通信環境のよい場所にPCSを設置するのが最善ですが、すでに設置済みの場合は、通信方式の変更による通信環境の改善が有効です。発生頻度によっては、固定スケジュールといったほかの出力制御方法に変更することも可能ですが、現状のオンライン制御と比較し

て、制御効率は低下してしまうため注意が必要です（また、別途設備が必要な場合もあります）。

■ ケース6：小動物の侵入によるパワーコンディショナ（PCS）の冷却機器の故障

　9月中旬、近隣で台風に伴う停電が発生していた佐賀県にある太陽光発電所から、PCS停止の警報が発報されました。電力会社と再連系の確認をした後、電気主任技術者がPCSの復旧操作を行いましたが、PCS収納盤に設置されている2台の室外機（エアコン）が稼働しませんでした。そこで、盤内の温度上昇によるPCSの故障を避けるために、その日はPCSの運転を見送りました。

　原因を調査したところ、エアコン2台の制御基板に焼損痕とヤモリの死骸を発見しました（写真5-46）。さらに、パワー基板にも故障が確認されたため、後日、制御基板とパワー基板の交換を行いましたが、それでもエアコンを起動することができませんでした。

　さらなる調査を進めた結果、1台はファンモータが、もう1台はファンモータとノイズフィルタ基板、セメント抵抗器が故障していることを突き止めました（写真5-47）。そこで、これらを交換したところエアコンが起動し、無事にPCSの運転を再開させることができました。

写真5-46　焼損した制御基板とヤモリの死骸

写真5-47　ノイズフィルタ基板とセメント抵抗器

制御基板やノイズフィルタ基板などの多くの部品が損傷したのは、制御基板にヤモリが接触したことをきっかけに短絡と焼損が起こり、その被害が次第に拡大したからと考えされます。また、エアコンの異常を最初に発見した時点で、ヤモリの侵入による被害想定範囲の認識が不十分であったため、PCSの運転再開までに時間を要してしまいました。

対策

起きた事象から予測される原因調査範囲を限定・固定化せず、あらゆることを想定して調査をすることが重要です。そのためには、過去に現場で起こったさまざまなトラブル事例を確認し、経験を積むことが大切です。

（2）劣化に起因するトラブル／事故

■ ケース1：低圧気中遮断器（ACB）の劣化によるパワーコンディショナ（PCS）の停止

新潟県にある太陽光発電所において、特定のPCSが「重故障」警報を発報して停止するという事態が頻繁に起きるようになり、その発生回数も徐々に増加していました。警報が発報されるたびに現場へ赴き、PCSを再起動して運転を再開させるとともに、異常履歴を確認していましたが、毎回「電圧異常センサ異常（＝軽故障）」と「再起動故障頻発（＝重故障）」が表示されていました（写真5-48）。ちなみに、重故障警報である「再起動故障頻発」は、軽故障警報の「電圧異常センサ異常」が5分以内に3回以上発報されたために発生したと推察されます。

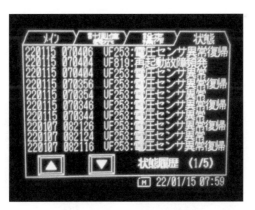

写真5-48　PCSの状態履歴

原因

SDカードに記録されていた履歴データなどをメーカーに送って解析した結果、ACBの故障と判断されたため、ACBを交換したところ、異常は解消しました。ACBが故障したのは、開閉頻度の多さと経年劣化が原因と考えられます（写真5-49）。

5章｜太陽光発電所 トラブル事例

写真5-49　交換後のACB

　機器の故障自体を防ぐことは非常に難しいのが現状です。製品の開閉回数などを踏まえて寿命に検討をつけ、部品交換および更新を含めた故障対応の体制を整えておくことが重要です。

■ ケース２：電磁接触器の遮断異常によるパワーコンディショナ（PCS）の停止

　ある発電所のPCSが「電磁接触器遮断異常」の警報を発報して、停止しました（写真5-50）。

　電磁接触器は、電磁石の吸引力によって接点を開閉することで、負荷の動作をオン／オフする装置です。電磁接触器がオン状態では、固定コアのコイルが励磁されて、可動コアを引きつけることで連動する接点が閉じます。一方のオフ状態では、固定コアの励磁を止めることで、設けられたバネの力によって可動コアを引き離し、接点が開放（釈放）されます（図5-6）。

写真5-50　PCSの外観と電磁接触器

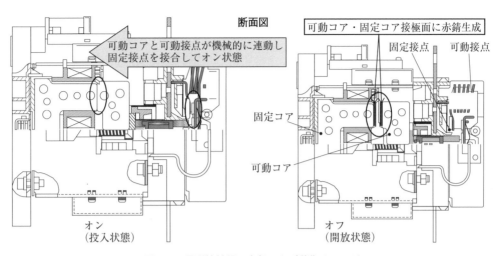

断面図

可動コアと可動接点が機械的に連動し
固定接点を接合してオン状態

可動コア・固定コア接極面に赤錆生成

固定接点　可動接点

固定コア

可動コア

オン
（投入状態）

オフ
（開放状態）

図5-6　電磁接触器の内部および動作イメージ

原因

　この不具合は、可動コアと固定コアの接触部に錆が生じるとともに、含浸油が染み出すことで接触部の動きが鈍くなったり、バネの力で接点を開放する時間が規定よりも長くなったことで生じたと考えられます。

対策

　最新の電磁接触器は、コアの接触部にメッキが施されているため、錆の発生が抑制されているとともに、含浸油を使用しない構造になっています。そのため、今回のような不具合が発生することはありません。ただし、寒冷地では、氷結により開放時間が長くなる不具合が生じる恐れがあります。

　したがって、対策としてヒータを設けることが有効です。また、最新型でない場合は、コアの接触面の錆を落とし、清掃後にPET（ポリエチレンテレフタレート）材の薄いシート（$t = 0.5$程度）を貼り付けることで開放しやすくなります（写真5-51）。また、開放設定時間（警報発報の時間）を延長することで不要な警報を防ぐことが可能です。

錆が発生（不具合状態）

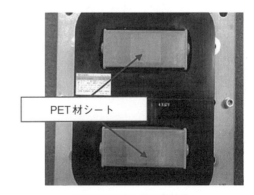

PET材シート

PET材の貼り付け（対策）

写真5-51　電磁接触器への対策

■ ケース３：操作パネルの固着によるパワーコンディショナ（PCS）の異常停止

　広島県にある太陽光発電所において、２日連続でPCSから非常停止の警報が発報されました。PCS自体は、現地でのリセット操作によって復旧させることができましたが、その操作パネルの強制停止ボタンが固着してスライドさせにくくなっていたため、基板の交換対応をしました（写真5-52）。その後、同様の異常は起こっていません。

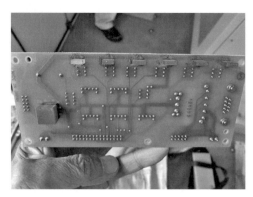

写真5-52　PCSの操作パネルと交換した基板

原因

　トラブルが起こったPCS収納盤では、外気導入型冷却システムを採用していたことから、埃や湿気を取り込みやすくなっており、蓄積した埃が湿気によって固まり、ボタンの固着につながったと考えられます。

対策

　PCS収納盤の構造や冷却システム自体を変えることはコスト的に困難ですが、定期的な基板の清掃や防湿対策をすることで、故障率を緩和することができます。

■ ケース４：冷却ファンの故障によるパワーコンディショナ（PCS）の停止

　ある発電所で、「冷却ファン異常」の警報が発報された後、PCSが停止しました（写真5-53）。この現象は、PCSを再起動させれば毎回収まってしていたため、今回も同様の操作をしたところ正常な動作に復旧しました。しかし、数日後に再び同じ現象が発生してしまったため、冷却ファンを交換したところ、同様のトラブルは起こらなくなりました（写真5-54）。

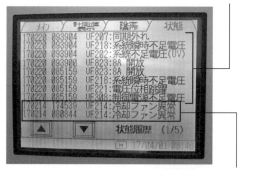

修理に伴う異常表示

冷却ファン異常の発生

写真5-53　PCSの状態履歴画面

写真5-54　冷却ファンとその交換作業

原因

　冷却ファンのセンサ回路が故障し、保護装置が誤作動したと考えられます。

対策

　ファン電源電圧が正常かどうかを確認し、異常がみられる際は、メーカーに問い合わせて冷却ファン自体を交換するといった対処が有効です。

■ ケース5：エアコンの不具合による「吸気温度高」異常の発生

　3月上旬、佐賀県にある太陽光発電所において、PCSから「吸気温度高」という警報が発報されました。12〜15時の3時間で発生と復旧を10回以上も繰り返したため現地調査を行ったところ、PCS収納盤内に設置している2台のエアコンのうち、1台の1枚羽のルーバー※2が閉じた状態のままになっていたことが判明しました（写真5-55）。

　一旦、手動でルーバーを開いた状態にしてから風向の設定を変更したところ、正常に稼働し始め、その後、同様の異常が再発することはなくなりました。

※2　エアコンが室内に空気を送り出すときに、風向きを調整する羽

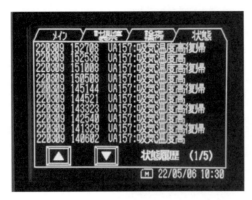

写真5-55 「吸気温度高」の履歴と閉じたままのルーバー

原因

ルーバーが動かなくなったことで、PCS収納盤内の温度が上昇してPCS自体を冷却できなくなった結果、PCS内部の温度が異常値に達してしまったと考えられます。ルーバーは、常時自動可動（運転）するように設定されていましたが、何らかの拍子に可動しなくなってしまったと思われます。

対策

ルーバーの風向設定を自動可動から角度固定にするなど、設定を定期的に変更することが有効と思われます。

（3）人為ミスが原因のトラブル／事故

■ ケース1：パワーコンディショナ（PCS）のファン電源の温度異常

特別高圧の太陽光発電所にある屋外仕様のPCSから「ファン電源異常の警報」が発報されました。調査したところ、ファン自体の故障ではなく電源装置の停止が直接的な原因と判明しました。

原因

ファンの電源装置周辺を流れる気流のほとんどが電源の横を通っており、電源内部に流れ込むのは少量だったことから、冷却効果が小さくなり電源温度が異常上昇した結果、停止に至っていました（写真5-56）。

当該PCSは屋外仕様のため、雨や埃などが侵入しにくい密閉構造で、冷却にエアコンを使用せず、熱交換器（ファン）による空冷方式が採用されていました。しかし、電源装置の配置に設計上のミスがあり、前述のように空気が対流しなくなることで空冷が機能せず、電源の温度が上昇したと考えられます。

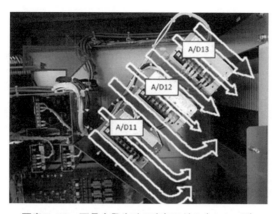

写真5-56　不具合発生時の空気の流れ（イメージ）

対策

　金属板でファンの電源間を塞ぎ、内部にまで気流が流れるような構造にしました（写真5-57）。その結果、ファン電源異常の警報は解消しました。

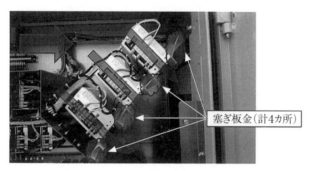

塞ぎ板金（計4カ所）

写真5-57　対策後の空気の流れ（イメージと外観）

■ ケース2：ヒートシンク過熱異常の頻発

　5月上旬に、静岡県にある太陽光発電所のPCSから「ヒートシンク過熱異常」という警報が発報されました。10〜12時の2時間で発生と復旧を30回以上繰り返していたため、現地調査を行ったところ、PCSに付属している冷却ファンが、4台あるPCSのうち3台で停止していました。

　冷却ファンの動作設定温度を現行の40℃から35℃に変更したところ、警報は解消されました（写真5-58）。

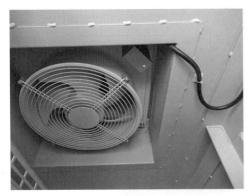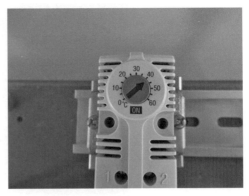

写真 5-58　PCS 背面の冷却ファンと動作設定温度（40℃）

原因

　ファンによる PCS 内の冷却が十分に機能しなかったため、内部温度が上昇してしまいました。

対策

　本事例は、温度設定の変更のみで問題が解決しましたが、このほかにも PCS のフィルタの目詰まりによって換気が不十分になり同様の温度異常トラブルが発生する可能性があります。したがって、定期的な点検と必要に応じた清掃およびフィルタなどの交換をすることが大切です。また、前述の事例のように空気の流れを変えるのも一案です。

■ ケース３：海外製パワーコンディショナ（PCS）用の AC コネクタ内が焼損

　海外製の PCS を導入している太陽光発電所で、キュービクルの高圧交流負荷開閉器（LBS）が開放状態になりました。現地で確認を行ったところ、PCS に接続している AC コネクタ内部で焼損が発生していました（写真 5-59、60）。

　焼損した AC コネクタを新しいものと交換したところ、LBS は無事に復旧しました。

写真 5-59　PCS の接続部と AC コネクタ

写真 5-60　AC コネクタの内部焼損箇所

ACコネクタとPCSの接続時に、入力線の締めつけが不足していたことでACコネクタが発熱・焼損し、そこから連鎖的に1線とアース間が短絡して地絡に至り、LBSが開放したと考えられます。

ACコネクタを接続する際には、内部の入力線を固定するネジの締めつけを十分に行うことが重要です。

■ ケース4：パワーコンディショナ(PCS)内の配線接続ミスによる発電量の低下

東北地方で2018年9月に連系運転を開始した受電電圧33 kV、最大出力8 MWのメガソーラーにおいて、8台設置されている1 MWのPCSのうち1台だけ、ほかのPCSよりも発電量が少ないことが判明しました(写真5-61)。

現地調査の結果、3個の接続箱の出力電流がなく、24個ある配線用遮断器(MCCB)のうち、特定の3個において正常に直流電力が入力されていないこともわかりました(写真5-62)。

写真5-61　当該発電所とPCS収納盤

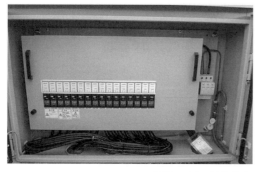

写真5-62　接続箱とPCS内のMCCBユニット

原因

8台ある直流入力MCCBユニット（1台につき24個のMCCB）のうち、ある1台のMCCBユニットだけN側直流母線に接続されていなかったことが判明しました。

対策

メガソーラーの工事完了後に行う使用前自主検査（あるいは使用前自己確認）で十分な検査をすることが重要です。具体的には、検査時の負荷試験の際に、直流電力や交流電力の出力状況の確認が挙げられます。また、当該発電所のように過積載をしている場合は、一部の太陽電池モジュールが電気的に接続されていなくてもPCSの変換効率が変わらないことがあります。そのため、MCCBへの入力電流のチェックも重要です。PCSメーカーに工場出荷試験の方法や結果の確認をすることも有効です。

5.5 キュービクル関連のトラブル

（1）自然に起因するトラブル／事故

■ ケース1：ヘビによるブレーカの焼損

　2018年4月に、ある太陽光発電所の監視装置から警報が発報されたため、臨時点検を実施しました。その結果、キュービクルの昇圧変圧器盤でパワーヒューズが溶断し、ブレーカが焼損しているのを発見しました。

　さらなる調査を行ったところ、ブレーカにヘビが接触した痕跡があったことから、ヘビが盤内に侵入して相間短絡を発生させたと推測しました（写真5-63）。後日、溶断したパワーヒューズや焼損したブレーカなどを新しいものに交換し、正常に発電していることを確認して復旧させました。

写真5-63　昇圧変圧器盤と、溶断したパワーヒューズ、ブレーカ周辺の短絡箇所

原因

　4月は冬眠から目覚めたヘビの活動が活発化する季節です。本事例の場合、キュービクル内冷却用の空気取込口から侵入し、扉の内側にあるフィルタを突き破って盤内まで至ったと考えられます（写真5-64）。

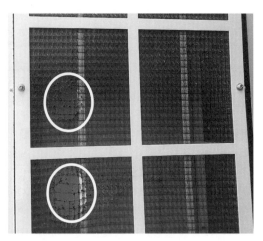

写真5-64　ヘビの推定侵入経路と破られたフィルタ

　ヘビの忌避剤の設置や、キュービクルの扉内側に設置するフィルタを厚くすることなどが有効です。

■ ケース2：無停電電源装置(UPS)の不具合によるPCSの停止

　ある太陽光発電所の監視装置から、通信異常の警報が発報されました。電気主任技術者が現地に急行して確認したところ、パワーコンディショナ(PCS)が停止していました。調査したところ、通信機器の電源電圧がなかったことからUPSの故障を確認しました。その日はバイパス処理を行い、後日、UPSを新品と交換して正常に動作することを確認しました(写真5-65)。

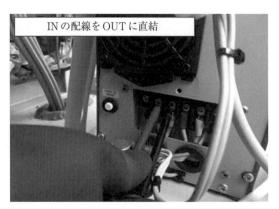

写真5-65　UPSのバイパス処理

原因

　調査の結果、UPS内部に侵入した羽虫が、基板に接触したことによるショートが原因だと判明しました(写真5-66)。

写真 5-66　UPS内部のショートした基板

黒く変色した
羽虫の付着

　UPSが据え付けられる高圧キュービクル自体に、昆虫や小動物が侵入しないようにすることが重要です。そのため、侵入経路をなるべく少なくし、周囲にあまり草木などを生い茂らせないようにすることが望ましいです。

■ ケース3：変圧器（トランス）の温度異常

　ある太陽光発電所から、キュービクル内のトランスの温度異常警報が発報されました。現場で、警報が発報される温度のしきい値を80℃から90℃に変更して経過観察したところ、警報は解消しました（写真5-67）。

写真 5-67　警報発報温度を90℃に設定変更

原因

　以下の要因が考えられます。

① キュービクル内の空気の流れが悪くなった結果、冷却性が損なわれて発熱した。

② 外気温が高く、日射が強いときに発電効率が高まったことで、トランスが過負荷運転となって発熱した。

5章　太陽光発電所 トラブル事例

対策

定期的にキュービクルのフィルタを清掃、もしくは交換することで、空気の流れをよくして冷却効果を保つことが有効です。

■ ケース4：ノイズによるマルチメータの誤作動

山口県にある運用を開始してから数年が経過した太陽光発電所において、冬季の深夜になると監視装置から軽故障（DI5）の警報が頻発に発報されるようになり、次第に重故障（DI4）の警報まで発報される事態になりました。ただ、警報の発報時間が数秒〜数十秒と短かったことから、これは実際の故障ではなく、発報に関連する機器類の誤作動による誤発報ではないかと推測しました。ノイズフィルタを設置してみたところ、この現象は解消しました（写真5-68）。

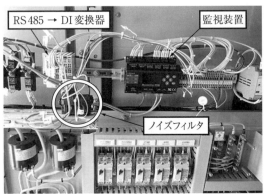

写真5-68　ノイズフィルタとその設置箇所（例）

原因

設備などに異常が起こると、キュービクルまたはPCS収納盤にあるマルチメータからRS-485[1]を介して信号が送られ、信号変換器を経由して各種警報として監視装置に伝送・発報されます。したがって、ノイズによって誤作動していたのはマルチメータであると考えられます。

対策

数台あるマルチメータのなかから誤作動しているものを見つけるのは非常に困難です。また、誤発報が頻発するといっても、PCSが停止するレベルのものでないと、交換費用の確保が難しいという一面があります。そのため、ノイズフィルタを設置することは効率的な策の1つといえます。

※1　信頼性の高いシリアル通信規格で、電気ノイズのある環境での長距離データ転送に適している。

（2）劣化に起因するトラブル／事故

■ ケース１：吸気フィルタ汚れによる変圧器の温度異常

　山梨県にある太陽光発電所において、キュービクル（昇圧変圧器盤）内の温度異常を知らせる警報が発報されました（写真5-69）。遠隔監視システムでは「軽故障」としか表示されず、具体的な原因がわからなかったため、現地で調査を行うことにしました。

　その結果、昇圧変圧器盤１台につき３カ所ある吸気フィルタが汚れているのを発見しました（写真5-70）。各フィルタの清掃を行ったところ、内部温度が下がり、変圧器温度異常の警報も解消しました。

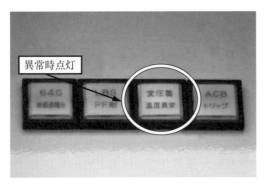

写真5-69　キュービクルの異常表示ランプと、変圧器の温度計（すでに実温度が上限値に到達）

写真5-70　昇圧変圧器盤の外観と３カ所のフィルタ

原因

　埃でフィルタが目詰まりを起こし、外気が取り込めなかったために空冷効果が薄れ、内部の温度上昇につながったと考えられます（写真5-71）。

写真5-71　清掃前と後のフィルタ

対策

定期的なフィルタの清掃が有効です。また、変圧器温度の履歴を定期的に確認し、過度な温度上昇が発生していないか注意しておくことも大切です。

■ ケース2：ホール電流検出器（HCT[※2]）の故障

ある日、長崎県にある太陽光発電所において、

① 監視システム上で表示される発電量が、実際の出力値より低く表示される。

② 日射と発電量がともに多いとき「過出力の警報」が発報され、PCSが停止する。

という不具合が、監視装置を介して通知されるようになりました。いずれの不具合も、メーカー対応にてHCTの交換を行うことで解消しました（写真5-72）。

写真5-72　HCTの外見

原因

HCTの故障による電流検出感度の異常が考えられます。これによって、電流値が実際よりも低い値を示すと発電量が低く表示され、逆に実際よりも高い値を示すと制御回路が過敏に反応して過出力の警報を発報していたと推測されます（写真5-73）。

※2　コイルの代わりに、磁界の強弱を電気信号に変換する半導体磁電変換素子の一種であるホール素子を使用した電流検出器

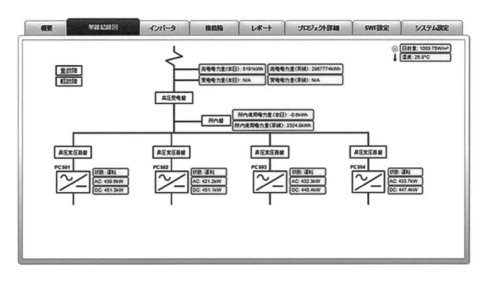

写真5-73 例：実際の出力値よりも低く表示されている

　HCTの故障原因については、特定が困難です。ただ、日々の発電量データを蓄積・比較することで、より早い段階で発電量低下や故障の有無を発見することができます。

■ ケース3：接続端子部分のネジの緩みが原因で焼損

　佐賀県にある水上太陽光発電所から、キュービクルの異常を知らせる警報が発報されました。すぐに現地で確認を行ったところ、キュービクルとPCSをつなぐ交流用ケーブルの切替(中継)端子台の接続端子部分が焼損していました(写真5-74)。

　応急処置としてキュービクル側のブレーカを開放状態にして、後日、端子台を新しいものに交換しました。

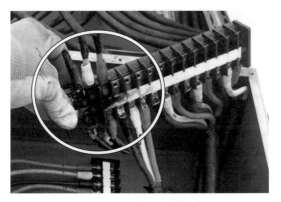

写真5-74 焼損した端子台

5章　太陽光発電所 トラブル事例

接続端子部分のネジが緩んでいたため、ここから短絡・焼損したと思われます。

定期点検の際に、ネジの締まり具合を確認し、緩んでいた場合は増し締めを実施することが大切です。

■ ケース4：避雷器（SPD）の接地端子ボルトの緩みによる警報の頻発

宮城県にある太陽光発電所で、重故障と軽故障の警報が発生・復旧を繰り返していました。調査の結果、SPDの接地端子ボルトが緩んでいることが判明したため、SPDを新品と交換したところ、この異常は解消されました（写真5-75）。

写真5-75　SPDの接地端子ボルトの緩み

SPDの接地端子ボルトが緩んだことでノイズが発生し、これによって警報が頻発していたと思われます。

定期的にボルトの締まり具合を確認し、緩んでいた場合は増し締めを実施することが大切です。

■ ケース5：湿気による配線の腐食

山口県にある太陽光発電所のキュービクルから、「一括故障」という警報が発報されました。この警報の場合、「一括故障」として異常発生の有無だけが表示されるため、具体的な故障原因やその箇所はわかりません。そのため、現地へ赴いて調査を行ったところ、無停電電源装置（UPS）が故障していることがわかりました（写真5-76）。幸い、バイパスモードで電源が供給されていたため、PCSが停止するという事態には至っておらず、UPSを新しいものに交換して処置は完了しました。

その後、故障したUPSを持ち帰り、故障原因を調査したところ、冷却ファンの配線が腐食、断線していました（写真5-77）。

写真5-76　UPS

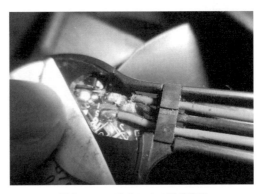

写真5-77　腐食による断線箇所

原因

キュービクルは、内部を冷却する際に外気を吸入しますが、それと同時に湿気も流入しており、これによって冷却ファンの配線が腐食したと考えられます。

対策

UPSや精密機器は、可能な限りキュービクル内に設置せず、湿気対策として、エアコンの効いたPCS収納盤内に設置することが望ましいです。

（3）人為ミスが原因のトラブル／事故

■ ケース1：地絡過電圧継電器（OVGR）とパワーコンディショナ（PCS）間の配線ミス

ある発電所で、使用前自己確認におけるインターロック試験を実施したところ、OVGRの動作時に本来は停止すべきPCSが停止しないというトラブルが発生しました。

原因

確認したところ、本来接続されているはずのOVGRの接点出力端子とPCSの接点入力端子の間に配線がなされていないことが判明しました（図5-7）。すぐに施工担当会社に連絡したところ、当日中に是正され無事に復旧しました。

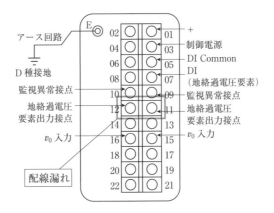

図5-7　OVGRの接点出力端子の回路図

　使用前自己確認や使用前自主検査、定期点検時に、保護継電器とそれに対応する機器を実際に連動動作させ、それぞれの挙動を確認することが大切です。また、配線がシーケンス図と適合していることを目視で確認することも有効です。

　配線のし忘れや誤配線は、太陽光発電所に限らず、どの電気設備でも発生する恐れがあります。しかし、これらに気が付かずそのままにしてしまうと、保護継電器の不動作による事故の波及や、機器の誤動作による人間の死傷事故といった深刻な問題に発展する可能性があるため、十分な確認が重要です。

■ ケース２：地絡過電圧継電器(OVGR)の整定ミスによるパワーコンディショナ(PCS)の停止

　ある太陽光発電所において、系統連系している電力会社の配電線（フィーダ）および当該発電所内が正常な状態にもかかわらず、OVGRが動作してPCSが停止しました（写真5-78）。電力会社に確認したところ、「同じ配電変電所の別系統で地絡事故が発生し、その地絡電圧を検知したのではないか」との推測が得られました。

　これらを踏まえて、配電変電所の地絡方向継電器(DGR)と当該発電所のOVGRの動作時限を確認したところ、当該発電所のOVGRのほうが変電所のDGRよりも早く動作する整定となっており、不要に動作していたことが判明しました。

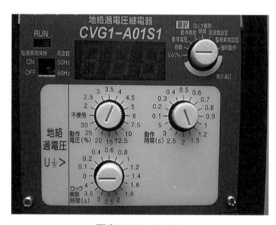

写真5-78　OVGR

原因

　保護継電器の整定値は電力会社と協議して指定されますが、この指定された整定時間が間違っていました。一般的に、OVGRの動作時間は、配電用変電所のDGRの動作時間よりも長く整定されます。したがって、電力会社と再協議し、OVGRの動作時限を長くして適正に動作するように是正しました。

対策

　電力会社から指示された整定値になっているか、またその値が本当に正しいのか確認することが重要です。

■ ケース３：キュービクル内部のブスバー※3(銅帯)が発熱

　キュービクル内の銅帯が変色し、そこに接続されている導線の絶縁キャップが焦げているのが発見されました(写真5-79)。

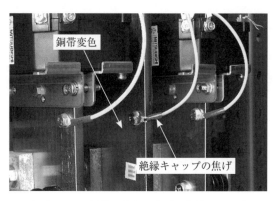

写真5-79　銅帯の変色と焦げた絶縁キャップ

原因

　銅帯は、導通させる設備の接続側金属とネジによって固定します。この際、銅帯のメッキ材質がニッケルの場合、(ニッケルは比較的硬い金属であるため)ネジできつく締めつけても凸部がつぶれにくく、接触面積も増えないため接触抵抗値にあまり変化はありません。しかし、本事例の銅帯はメッキが厚かったため、締結部の接触抵抗値が大きくなり発熱したと推測されます。

対策

　メッキ厚が一定値以下の銅帯を使用するように管理したり、メッキ材質をニッケルではなく比較的軟らかいスズに変更して接触抵抗値を下げることが有効です。

■ ケース４：結線ミスによる警報の未発報

　2017年1月に系統連系した佐賀県にある太陽光発電所において、無停電電源装置(UPS)が故障しているにもかかわらず、警報が発報されない(本来であれば、軽故障の警報が発報される)という不具合が発生しました。

　現地で調査を行った結果、端子台において配線が1極ずれて結線されていることが判明しました。その場で補修したところ、正常に警報が発報されるようになりました(写真5-80)。

※3　キュービクルや制御盤などの内部で、高圧大電流が流れる箇所に使用される導体棒のこと

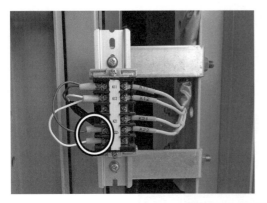

写真5-80　結線ミスの補修前と後

原因

施工検査時に、重故障警報の発報検査は実施していましたが、軽故障については行っておらず、結線ミスに気が付くことができませんでした。

対策

竣工検査(使用前自己確認や使用前自主検査)の際には、事前にマニュアルやチェックシートの確認を行い、検査後も漏れがないように見直しを行うことが重要です。また、定期的な点検による確認も有効です。

■ ケース5：サイバー攻撃による通信異常

鳥取県にある太陽光発電所で、通信および接点異常の警報が発報された後、監視システムへのアクセスもできなくなっていました(図5-8)。現地で確認したところ、警報は、現地に設置されているモデムとキュービクル間の通信が取れないことが原因で発報されており、ポート[4]も開かない状態でした。通信会社に連絡するなどして原因を調査していましたが、通信異常から4時間ほど経過した時点で自然復旧しました。

原因

通信会社へ確認したところ、特定のポート番号(本事例の場合、4 000番台)は外部からのサイバー攻撃による可能性があるとのことでした。

対策

ポート番号の設定を変更することが有効です。

※4　実際に通信される情報の送受信口。よくドア(扉)に例えられる。また、ポート番号はその出入口の番号

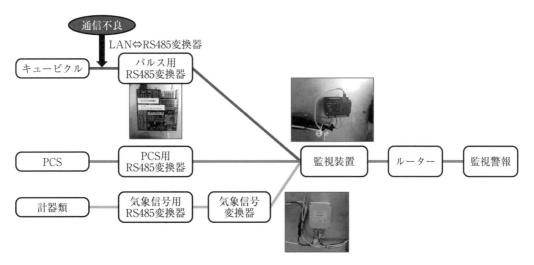

図5-8　通信異常のイメージ

■ ケース6：地絡過電圧継電器(OVGR)の設定ミスによるPCSの停止

　山梨県にある太陽光発電所で、PCSが停止していたため確認を行ったところ、キュービクル内に設置されている低圧回路側の地絡過電圧継電器(64G)の異常表示ランプが点灯していると同時に、当該保護継電器も動作して、PCSが停止していました(写真5-81)。

　保護継電器の零相電圧検出幅を確認すると、10％となっていたため、50％に設定を変更したところ、異常表示は解除され、PCSを復旧することができました(写真5-82)。

写真5-81　異常表示ランプ

写真5-82　地絡過電圧継電器の設定ツマミ

原因

　建設時から零相電圧の検出幅の設定を間違えており、その後も気が付けませんでした。

対策

　竣工時の検査はもちろんのこと、年次点検や月次点検などの際にも、「設定ミス」「勝手な設定変更」などを想定して、確認することが肝要です。

5.6 引込設備および発電所全体、周辺装置に関するトラブル

（1）自然に起因するトラブル／事故

■ ケース1：大雨による太陽光発電所の水没

　連日の大雨によって、太陽光発電所が水没してしまいました（写真5-83）。

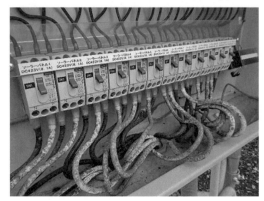

写真5-83　水没し、泥まみれの太陽光発電設備

原因

　降水量が、水路設計の際に想定していた水量を上回ってしまったため、水の排出がうまくできず発電所が水没するという事態を招いてしまいました。

対策

　発電所の建設を計画している段階で、過去に付近で大きな水害がなかったかなどを調査してから、土地を選定することが大変重要です。すでに建設してしまっている、あるいは土地を造成している場合は、できるだけ水路を設けて、発電所構内に水がたまらないようにすることが大切です。

■ ケース2：土砂崩れによる太陽光発電所の損壊

　大雨が降った後、メガソーラー構内で土砂崩れが発生しました。いたるところで地盤が崩落しており、フェンスは宙づりの状態で、太陽電池モジュールも架台とともに沈下・脱落し、甚大な被害を受けました（写真5-84、85）。

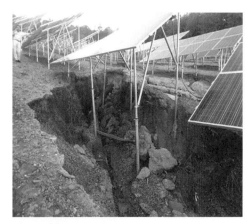

写真5-84　構内における地盤の崩落

写真5-85　宙づりになったフェンスと沈下したモジュール

原因

　梅雨や台風による大雨などによって地盤の緩みが蓄積していたと考えられます。また、発電所内の水路設計時にシミュレーションした場所以外のエリアにも水みちが発生してしまったことが原因として挙げられます。

対策

　植物の根が地面にしっかりと根張りすることで土壌流出を防止する場合があるため、法面^{※5}を種子散布などによって緑化することも、対策の1つです。また、根まで枯らしてしまう除草剤を散布するのではなく、草刈りで対応することも、地盤の緩みを防ぐことにつながります。土地を造成して発電所を建設している場合は、水路を設けることで土壌流出を防ぐことも可能です（写真5-86）。

　また、災害発生リスクを低減させるためにも、発電所の建設場所を選定する時点で、地方自治体が公開している「土砂災害警戒区域などの情報」「地形図」「土地条件図」などを

※5　切土や盛土により造られる人工的な斜面

用いた資料調査および地盤調査などの事前調査結果を基に、災害リスクを把握しておくことが重要です。

写真5-86　構内に水路を設置

■ ケース3：植物が巻きつきケーブルヘッドが焼損

とある太陽光発電所の巡視点検を行っていたところ、構内第1柱の気中負荷開閉器（PAS）とケーブルヘッドにカズラが巻きつき、ケーブルの樹脂製の保護カバーが溶けていることを発見しました（写真5-87）。このときはまだ地絡継電器（GR）が動作しておらず、通常運転を行っていました。

すぐに電気主任技術者と連携して発電所を停電させた後、カズラを除去し、ケーブルの余長を利用してケーブルヘッドを改修しました。

写真5-87　カズラが巻きついた構内柱と焼損したケーブルヘッド

原因

ケーブルヘッドが焼損したのは、カズラが巻きつくことにより、電気的なストレス（負荷）を緩和するストレスコーンと充電部の沿面距離が短くなったことでリークが発生したことが原因と考えられます。

対策

本事例の場合、発電を停止するほどの事故に発展する前に対応することができ幸いでし

たが、カズラが高圧部分に近づく前段階で除去作業をしておくことが重要です。そのためには、特に夏場は定期的に当該箇所を目視点検し、状況を確認することが望ましいです。

■ ケース4：日射計内部の結露による異常

　福岡県にある太陽光発電所で発電状態の確認を行っていたところ、日射計の出力異常が発覚しました。現地調査の結果、日射計の内部に結露が生じていたため、日射計を新品と交換したところ、問題は解消されました（写真5-88）。

写真5-88　内部結露した日射計

原因

　日射計のガラス製ドーム部（内側）に発生した結露がレンズの役割を果たしたことで、出力が低く測定されるなどの出力異常につながったと考えられます。

対策

　現場環境や経年劣化による接合部の膨張・縮小によってできた隙間から、僅かな水分が侵入しただけでも結露の発生につながってしまいます。現在の接合技術ではドーム部の完全な密閉は不可能であり、また日射計内部への結露自体を防ぐことは非所に困難です。しかしながら、放置すると内部損傷にもつながるおそれがあるため、常日頃から日射量の波形に異常がないか確認し、点検時も外観点検を欠かさないことが肝要です。

■ ケース5：日射変化によるパワーコンディショナ（PCS）の停止

　電力会社の変電所から約8.0 kmの地点で、400 sqの6.6 kV高圧架空線と系統連系している最大出力1 990 kWのメガソーラーで起こった事例です。この発電所の系統連系点とほぼ同じ場所に、4つのメガソーラー（合計約7 000 kW）がありますが、変電所からこの発電所の系統連系点の間に負荷はあまりありません（図5-9）。

　この発電所を系統連系したところ、すぐに位相跳躍[※6]保護機能によってPCSが停止してしまい、再度PCSを運転させようとしても同様の現象が発生しました。そこで、電源品質

※6　発電電力と負荷の不平衡によって電圧位相が急変してしまうこと

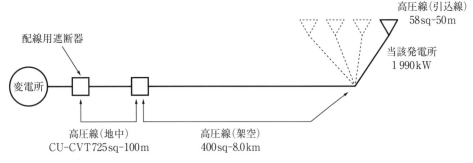

図5-9　電力会社の変電所から連系点までのイメージ

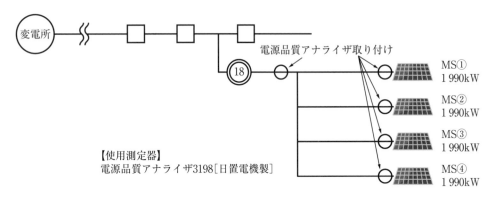

【使用測定器】
電源品質アナライザ3198［日置電機製］

図5-10　電源品質アナライザによる電力品質調査

アナライザを用いて有効電力、無効電力、力率および電圧を測定することにしました（図5-10）。

原因

　電源品質アナライザによる測定結果を写真5-89、90に示します。この結果から、日射などによる急激な電流変化によって、電力会社の変電所からメガソーラーまでのインピーダンスおよび配電線の負荷バランスの平衡が崩れ、電圧位相跳躍を発生させたと考えられます。これにより、単独運転防止機能が働きPCSが停止したと思われます。

対策

　PCSの力率を95％から100％に改善して運転することで、電圧位相跳躍の発生を防止します。力率改善によって、電圧変動による耐性を強化し、電圧位相跳躍の影響を低減することで、単独運転防止機能がオンにならないように調整することができます。

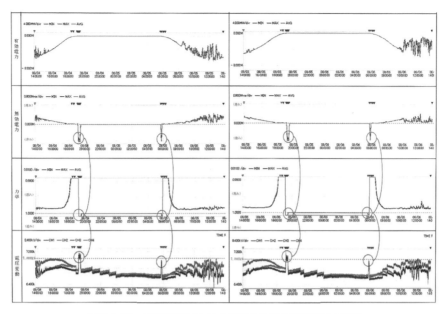

写真5-89　電源品質アナライザによる電力品質調査の結果

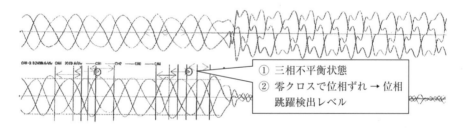

① 三相不平衡状態
② 零クロスで位相ずれ → 位相
　跳躍検出レベル

写真5-90　三相電圧波形

（2）劣化に起因するトラブル／事故

■ ケース１：リード線断線による日射計の不具合

　鹿児島にある太陽光発電所において、日射計の出力が時々ゼロになってしまうトラブルが発生しました（写真5-91）。そこで、日射計本体を交換する対応を行いましたが、日射計の出力はゼロのままで問題は解消されませんでした。

　調査を進めたところ、日射計の接続コネクタ内部のリード線が断線していることが判明したため、リード線ケーブルを張り替えて復旧させました（写真5-92）。

原因

　リード線自体に無理な負荷がかかり、経年によって断線したと考えられます。

対策

　リード線自体に無理な負荷が掛からないように、配線の取り回しを考慮して敷設することが重要です。

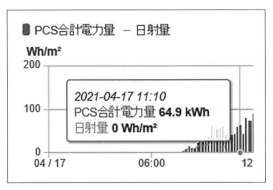

写真5-91　トラブル時の遠隔監視システムの画面

写真5-92　断線したリード線と復旧後の日射計

（3）人為ミスが原因のトラブル／事故

■ ケース1：太陽光発電設備の騒音被害

　茨城県にある太陽光発電所に、近隣住民の方から「騒音がひどい」という苦情が入りました。そこで、PCSやキュービクルの隣に防音壁を設置したところ、住宅まで達する音圧は大幅に軽減し、クレームは解消しました（写真5-93）。

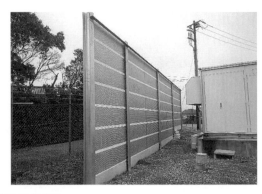

写真5-93　防音壁の設置

周辺状況を確認したところ、PCSおよびキュービクルの設置場所から近隣の住宅までは、直線距離で30m程度でした。発電所建設前のシミュレーションの時点で、設備が発する音の大きさと近隣住宅に対する影響を十分に考慮した設置設計がなされていなかったと考えられます。

対策

建設前に、太陽光発電所の周囲環境について十分に調査・考慮したうえで、PCSやキュービクルなどの設置場所を検討することが非常に重要です。また、設置後の場合は、設備周辺に防音壁を設置するなどの防音対策が有効です。

■ ケース2：日射計の設置場所の選定ミス

遠隔監視システムを用いて、佐賀県にある太陽光発電所の発電状況を確認していたところ、発電量に対して日射量の推移が不自然であることが発覚しました。例えば、11月と12月の時間ごとの推移を見ると、12月のほうが不自然な波形になっていることが確認できました（写真5-94）。

現地調査を行ったところ、太陽光発電所の南側にある山が太陽光を遮り、その影が日射計まで伸びてきていました（写真5-95）。そこで、影の影響を受けない場所へ日射計を移設したところ、日射量の波形は正常なものに戻りました。

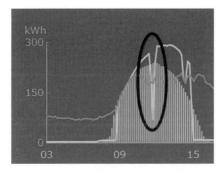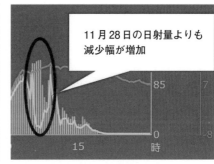

写真5-94　11月28日／12月15日の発電量と日射量

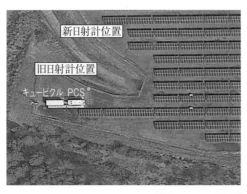

写真5-95　日射計の設置位置と影の影響

　山の影が日射計にかかったことによって、一時的に急激に日射量が低下したと考えられます。

　日射計を設置する際に、周辺状況をよく確認しておくことが重要で、建物や山、木など日射を遮る物体がない所が最適な設置場所になります。また、日射を反射しやすい白色などの明るい色の壁や看板などが近くにない場所であるかどうかも確認しておくことが望ましいです。

索　引

203

〈著者略歴〉

大山正彦 （おおやま まさひこ）

1956 年岡山県生まれ

1979 年に立命館大学 理工学部 電気工学科を卒業。一般財団法人 中国電気保安協会営業保安部副部長として従事する傍ら、総合試験車による電気の総合コンサルタントや各種団体のセミナー講師を経て、現在はウエスト O&M 取締役社長、株式会社ウエストホールディングス 執行役員 最高技術責任者（G・CTO）、株式会社ウエストエネルギーソリューション、株式会社ウエストビギン取締役を兼任。元・立命館大学理工学部電気電子工学科 講師。趣味は鳩レース（主な実績は 1983 年レジョナルレース総合優勝など）。

熊本研一 （くまもと けんいち）

1981 年大阪府生まれ

2004 年に東京理科大学 基礎工学部 材料工学科を卒業。黒田テクノ株式会社、株式会社ウィズコーポレーションを経て、現在はウエスト O&M 取締役部長として主に企画を担当。2024 年 9 月から立命館大学理工学部電気電子工学科 講師。趣味はカラオケとボルダリング。

北原浩貴 （きたはら ひろたか）

1989 年長野県生まれ

2012 年に東洋大学 国際地域学部 国際地域学科を卒業。株式会社ウエストエネルギーソリューションを経て、現在はウエスト O&M 取締役部長として主に営業を担当。趣味はランニングとサウナ。

小野賢司 （おの けんじ）

1975 年岩手県生まれ

1998 年に工学院大学 電気工学科を卒業。一般財団法人 関東電気保安協会を経て、現在はウエスト O&M 保安部部長として主に電気主任技術者の保安管理業務を担当。4 度の澁澤賞【発明・工夫、設計・施工】受賞歴あり。趣味は神社仏閣巡りと観葉植物の育成。

太陽光発電所メンテナンスガイド
―太陽光発電所の基礎・保守からトラブル事例まで―

2024 年 7 月 22 日　　第 1 版第 1 刷発行

監 修 者	株式会社ウエストO＆M
著　　者	大山正彦・熊本研一・北原浩貴・小野賢司
発 行 者	村上和夫
発 行 所	株式会社 オーム社 郵便番号　101-8460 東京都千代田区神田錦町 3-1 電話　03(3233)0641(代表) URL　https://www.ohmsha.co.jp/

© 大山正彦 2024

組版　アーク印刷　　印刷・製本　三美印刷
ISBN978-4-274-23214-5　Printed in Japan

本書の感想募集 https://www.ohmsha.co.jp/kansou/
本書をお読みになった感想を上記サイトまでお寄せください。
お寄せいただいた方には、抽選でプレゼントを差し上げます。

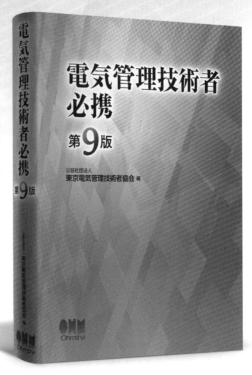